发电企业安全教育培训教材

外用人员安全教育

北京中电方大科技股份有限公司 组编

中国电力出版社
CHINA ELECTRIC POWER PRESS

内 容 提 要

根据发电厂外用人员工作实际，结合企业管理要求，对外用人员所需掌握的安全知识进行梳理，为企业开展外用人员安全教育提供教材。

本书共五章，包括厂规厂纪、电力安全工作规定、安全技术、防火防爆、现场事故应急处置等内容。本书适用于电力企业外用人员培训，可作为电力企业对外用人员安全培训教材，也可作为相关院校安全课程的参考资料。

图书在版编目（CIP）数据

外用人员安全教育 / 北京中电方大科技股份有限公司组编. — 北京：中国电力出版社，2019.5

发电企业安全教育培训教材

ISBN 978-7-5198-2086-2

Ⅰ.①外… Ⅱ.①北… Ⅲ.①发电厂–安全生产–安全培训–教材 Ⅳ.①TM62

中国版本图书馆 CIP 数据核字（2018）第 108266 号

出版发行：中国电力出版社
地 址：北京市东城区北京站西街 19 号（邮政编码 100005）
网 址：http://www.cepp.sgcc.com.cn
责任编辑：孙 芳
责任校对：黄 蓓 李 楠
装帧设计：赵姗姗
责任印制：吴 迪

印 刷：北京瑞禾彩色印刷有限公司
版 次：2019 年 5 月第一版
印 次：2019 年 5 月北京第一次印刷
开 本：880 毫米 × 1230 毫米 32 开本
印 张：4.5
字 数：107 千字
印 数：0001—2000 册
定 价：25.00 元

本书编委会

余惠红　曹一鸣　孙得峰

赵　蕾　邓岳辉

前　　言

　　为了落实安全责任，提高安全意识，遵守安全规定，掌握安全技能，我们编写《外用人员安全教育》教材，该教材根据发电厂外用人员工作实际，结合企业管理要求，对外用人员所需掌握的安全知识进行梳理，为企业开展外用人员安全教育提供教材。

　　本书共五章，包括厂规厂纪、电力安全工作规定、安全技术、防火防爆、现场事故应急处置等内容，系统总结了外用人员应掌握的基本知识和安全技能并配以案例说明，能结合现场实际对发电企业外用人员基本安全知识及素质提出明确要求，为安全培训工作进行了详尽的指导，对提高外用人员安全素质起到十分重要的作用。

　　本书由华能曹妃甸港口有限公司余惠红、中国安全生产科学研究院曹一鸣、北京市安全生产联合会孙得峰、河北师范大学美术与设计学院赵蕾、北京中电方大科技股份有限公司邓岳辉参与编写。

　　本书运用了图文并茂的漫画形式，如临现场，生动活泼，具有看图说话、通俗易懂等特点，特别适用于电力企业外用人员培训，可作为电力企业对外用人员安全培训教材，也可作为相关院校安全课程的参考资料。

作者

2019 年 5 月

目　录

第一章
厂规厂纪

CHAPTER 1

一、文明生产

1. 生活区、厂区大环境文明卫生标准

（1）所有道路必须畅通平整，接茬处平顺无损坏，路牙直顺无缺损，马路井盖与地面齐平；路面不准滑动重物，不准行驶履带车辆，通行车辆不准漏料抛撒，不准堆放物料。施工若影响交通时，必须设警示标志。

（2）沟道盖板齐全、平整、无损坏、沟算完好无损，下水道畅通无堵塞。

（3）交通设施（含马路标识牌）完好、齐全、规范，位置醒目。

（4）主要通道路灯照明分布适当，灯具齐全、完整。

（5）厂区二道门内，工作时间不得行驶自行车、摩托车（绿化负责人除外），不得在车棚以外的任何地方停放自行车、摩托车。

（6）厕所清洁、无异味，水箱、自来水龙头等无漏水，内部设施完整无缺、门窗玻璃明亮，水池无污垢，照明良好，男女标识醒目、规范。

（7）运煤车、运渣车、厂内机动车辆、进入厂区的其他车辆必须按指定道路限速行驶。

（8）厂区二道门内及所有办公场所禁止吸烟，禁止随地吐痰。

（9）绿化美观、整齐，绿化区内平整无杂物、浇水设施完好，阀门井盖规范、完整，内无积水，绿化面积达 85% 以上。

（10）各类建筑物外观整齐，不得随意书写标语、广告，不得乱涂乱画，无污迹，无明显积灰，门窗及玻璃齐全洁净。

2. 厂区生产场所文明生产标准

（1）集控室、网控室、各值班室、就餐室、盘柜内外标准

1）各控制盘、仪表盘盘前、盘后、盘上无灰尘、无杂物，表计清楚；盘内电缆及二次接线整齐密封良好，标志齐全、规范；盘柜门开、关灵活好用，且在关闭状态；盘柜后面禁止挂衣物。

2）不准在盘上吃饭、喝水；休息室内保持整洁，茶具、水具摆放整齐；饮水机完好、干净；塑料垃圾桶完好、干净，且套塑料袋。

3）各值班室、更衣室、学习（休息）室、办公室、现场库房，应定置管理，达到五净（门窗、桌椅、地面、箱柜、墙壁）五齐（桌椅、箱柜、桌面用品、上墙图表、柜桌内物品）。窗帘完好、清洁、整齐。

4）就餐室内物品摆放整齐，电磁炉、微波炉清洁无污物，饭后及时清理餐桌及地面卫生。

5）电脑显示器、主机、键盘、打印机无灰尘、无污垢；小神探摆放整齐。

6）室内地面清洁,无积水、积油、积灰、积粉,无卫生死角,无杂物,垃圾袋装化,无外溢现象。

7）室内墙壁、天花板、空调出口无积灰,见本色。

（2）锅炉及灰水侧卫生标准

1）本体从炉零米到炉顶钢梁、钢架、平台、管道无明显积灰、积粉、积水,无水渍、油渍,无垃圾杂物,不漏灰、粉,不漏汽水和油,标牌美观、整齐,保温无缺损、墙体板完好无损、油漆良好。

2）楼梯步道完整牢固,油漆良好无锈蚀,有清晰载重标志,步道不得堆放物品。

3）管道容器保温完整、平滑,白铁皮完整无损,无积粉、积灰,支吊架完整好用,介质流向标志、色环清晰。

4）阀门编号正确,方向标志正确清晰,不漏油、不漏汽水。电动头不漏油、整洁,油漆完好。

5）吸风机、送风机、一次风机设备及油站见本色,无明显积灰、无垃圾杂物,不漏油,电机防雨装置良好。

6）空气预热器烟道保温完整、平滑无缺损,清洁、无积灰、无漏灰、无积油、无杂物堆放。

7）制粉系统设备见本色,不漏粉、不漏水、不漏油,管道无积粉、积灰,无水迹,保温完整、平滑无缺损、清洁。

8）零米设备、设备基础、系统管道、钢梁钢架等见本色,无积水、积灰、积粉、积煤、积油。地面（水磨石）光洁,不应有油污、水渍,发现要及时清理,以防滑倒。

9）磨煤机罩衣下部照明充足,地面瓷瓦无积粉、见本色。

10）沟道盖板完整、合缝、坚固，地沟内无杂物、无油污、无淤泥、无积水，排水畅通；孔、洞盖板齐全、固定牢固、与地面齐平。

11）电除尘下部管道及卸灰电机无积灰，地面无积灰、积水，无杂物堆放。

12）提升泵房、柱塞泵房设备颜色统一、规范、见本色，地面无积灰、积水、积油，无杂物堆放。

（3）汽轮发电机组标准

1）设备见本色，无积灰，轴承不漏油，轴承端面无积垢，标牌美观、整齐，车衣完整、清洁见本色。各运转层地面（地板砖）光洁、明亮、无油污、无积水、无积灰、无杂物，网格板固定牢固，无翘角。

2）管道及容器无水迹、无积灰、无积油，无漏水、无漏气、无渗漏油，保温完整、平滑无缺损，高温管道外包铝皮，色环清晰，介质流向标志清晰，支吊架完整、好用。

3）阀门开关编号正确、清晰，方向标志正确、清晰，不漏油、不漏汽水，电动头不漏油、整洁，油漆完好。

4）循泵、凝泵、电泵等泵组设备见本色，无明显漏油、漏水、漏汽，标牌美观清晰、整齐。

5）除氧层管道无明显积灰，不漏水、漏汽，无垃圾、无杂物，保温良好，介质流向及色环清晰。

6）电缆沟内无积水、无杂物。电缆、电线铺设整齐，支架完好无锈蚀，有明显标志。电缆夹层及地面要定期清扫，确保卫生随时符合标准要求。

7）电源箱、端子箱完好规范，箱内外无积灰、杂物，刀闸完好，穿墙电缆封闭符合要求。标志清晰醒目，门锁灵活好用，把手完整。

8）电源盘、仪表控制盘、保护盘内外干净、整洁，指示灯完好，门锁灵活好用，把手完整。

9）配电室内设备无浮灰、地面清洁，开关柜门无变形、柜门锁及把手齐全好用，运行开关柜门须在关闭状态。

10）开关室地面无积灰、无杂物，墙壁门窗完好、无孔洞，继电器无积灰，标志清楚正确、清晰，编号正确、清晰，开关柜盘面清洁无尘土，高空设备无鸟巢。

11）厂房内的门（包括铁门、卷帘门）开关灵活，完整美观，门锁完好灵活，把手齐全，油漆完整、规范，颜色统一，玻璃明亮，标志清晰醒目。窗（包括钢窗、铝合金窗、双层密封窗）开关灵活，完整美观，小五金齐全、油漆完整，颜色常新，玻璃明亮齐全，窗台无积灰，关闭严密。

（4）升压站标准

1）道路平整、畅通，无杂物、杂草、无积水。

2）开关、互感器、刀闸等瓷瓶清洁、无油垢，鹅卵石摆放平整无积油，标志编号清晰、正确。

3）围栏、围墙、爬梯、大门均应完好无损，油漆良好，锁具安全可靠。

（5）消防及灭火器材标准

1）重点消防部位应设防火标志，且清晰、醒目。灭火器材按指定地点放置，完整齐全，摆放整齐，试验合格，标志清晰；车式消防器轮子应灵活好用；消防带在箱内摆放整齐、上锁，玻璃明亮，箱体清洁、无杂物、无积灰，油漆完好，标志清晰。

2）消防箱玻璃、消防带齐全，消防水龙头不漏水，消防管道保温良好，红色醒目，阀门应定期试验、开关灵活，按期校验及更换，无空瓶存放及器材残缺；消防砂箱内无杂物。

（6）水处理设备标准

1）所有设备见本色，清洁，无积灰、积水，无油污,标牌正确、清晰，阀门编号正确、方向标志清晰。

2）容器管道无锈蚀，油漆完好，无积灰、不漏水、不漏气、不漏酸碱。

3）地面无积灰、积水、无油污、无杂物，墙壁无污垢、无乱涂乱画。

4）表盘见本色，表牌规范、油漆完好，仪表清晰、盘内无杂物。

（7）检修及施工现场标准

1）检修单位的各级领导，要把文明生产与安全生产放在同等重要的位置上来抓，认真贯穿于检修全过程。制定文明生产与环境保护的检查和考核制度。

2）进入检修现场的人员，必须穿工作服、工作鞋，并佩戴胸卡。禁止穿带铁钉的鞋、穿裙子、赤膊，否则责令退出生产现场。

3）外包检修单位要层层落实文明生产责任制，每天由专职安全员负责对检修现场进行文明生产检查，确保现场文明整洁。

4）检修单位在开工前必须制定详细的文明生产措施，下达的检修项目任务书中也应明确文明生产要求。

5）大、小修现场的检修平面布置应按照事先制定的定置图布置。

6）现场临时存放的材料、备品配件堆放应整齐合理；各种物资标识清楚，摆放有序，并符合安全防火要求。

7）检修现场使用的工器具、从设备拆卸下来的零部件、材料备品必须摆放整齐，加以标识，辅以铺垫，不能直接落地。

8）不准用保温毡、石棉布等保温材料，作为放零部件的铺垫。

9）在大修中拆装汽轮机隔板时，要逐级做好标记，严禁不做标记无序摆放。

10）吊出机外的汽轮发电机转子必须用专用托架直线、水平放置。放置发电机转子周围不得留有易燃易爆物品，同时应做好防潮防尘措施。

11）机组检修期间或基建施工期间，各施工单位要做到文明施工，做到每日清扫及"工完、料净、场地清"。

12）禁止未经许可占用厂内道路，堆放设备、材料等物品，堆放的物品立即搬走。

13）禁止在地面上（水磨石、地面砖）托拽、滚动任何设备、工器具。

14）燃烧室清灰、喷砂和设备拆保温时，在粉尘容易飘逸的地方设采取防尘措施。

15）锅炉内清灰、喷砂时落在炉膛内脚手板上的积灰、积砂应及时清理。

16）在高处进行焊接或切割作业，要做好防止火星飞溅措施，事先做好易燃物清理措施，并有专人监护，焊接场地地面无焊条或焊条头。焊接设备集中布置，统一布线，完工后焊接线、氧气、乙炔胶管全部收盘存放。

17）工作人员进入汽包、发电机内部或在汽轮机缸内作业，应穿专用连体工作服和专用工作鞋，随身携带的零星物件必须交专人保管；进入发电机膛内作业，应在膛内底部铺上胶垫；回装的各类管道排列整齐、平整、恢复原状；支吊结构牢固不变形；安装的阀门介质流向正确，便于检查和操作；法兰螺丝全部上好，紧力足够、均匀。

18）对于直径在 50mm 以上的管道、阀门朝上敞口（包括打开端盖的冷却器、加热器敞口），必须用相同直径尺寸制作专用封口盖板完全盖住，不得裸露。

19）拆卸下来的汽轮发电机轴瓦、密封瓦、碳刷必须放好，并用干净的白布或塑料布盖住；已就位的汽轮机转子轴颈不得裸露，必须用白布遮盖。

20）焊接工艺美观，焊缝表面成型好，无咬边、虚焊等缺陷。焊后药皮清理干净。

21）电缆排放整齐，捆扎牢固，尽量避免交叉。

22）保温密实，无漏洞，不下坠，外表光滑，护板平直、美观。

23）构架及设备表面油漆工艺美观、牢固、颜色协调、厚度均匀。

24）电气及热工接线规范、美观，连接可靠，编号正确、齐全。电缆孔洞封堵完好。

25）检修部负责设置检修现场的垃圾临时存放点，分类存放，并标识可回收和不可回收；检修单位负责派人每天打扫地面卫生，及时清理垃圾，保持现场整洁。

26）对路面及附属设施、硬化地面、墙体、管沟、门窗、花草树木等设施不得损坏，如确因施工需要，事先应向策划部（路面、绿化地段向综合服务中心）提出申请，同意后方可进行，否则策划部或综合服务中心有权按本标准规定给予考核，对未按期恢复的加倍考核。

27）机组、设备检修，消缺及小型基建施工期间，现场所有设施及主要通道所涉及的设施，在检修、消缺、施工期间由施工管理部门（或单位）负责，在检修消缺、施工前后卫生区域，负责单位要与施工管理部门办好交接手续。负责单位因管理失职责任自负，卫生由自己处置直至符合标准。

28）在水磨石、地板砖地面及瓷瓦上搭架子、检修设备时，不得将架子及拆下的设备直接放在地面上，应放在枕木或胶皮上，不能放在塑料薄膜上。

29）禁止在地面和路面上直接和灰、搅拌水泥及保温泥土。

30）不得在生产厂房内地面、墙壁上随便穿孔。确实需要时，应到安监部办理申请手续，施工单位（或部门）说明原因，负责人签字，策划部认可，检修副总批准。施工过程中，应采用先进的施工工艺及工具，防止工作面的扩大和污染周围环境，工作完毕后及时恢复。

31）容易造成污染的施工项目应装设围栏，防止扩大污染范围。施工造成的污染由施工单位负责，在施工结束当日清理干净。

32）施工现场的孔洞、高空交叉重叠作业区、易塌方的沟道，以及转动机械等处存在的不安全情况，应设置提醒标志牌，标志牌应醒目、美观大方，不得用废旧木板和纸壳代替。

33）进入厂房的任何机动车辆必须办理手续，沿途必须采取保护地面的措施。

（8）燃料及燃油区标准

1）输煤及油区设备见本色，标牌美观、整齐。地面无油垢、无积煤，地下管沟无积油、无杂物。

2）煤场堆放平整、规范，推煤设备清洁、停放整齐，煤场标志牌醒目、清洁。

3）油罐及管道容器保温完整、平滑、白铁皮完整无损，不渗油，流向标志清晰，支吊架完整，油位标尺清晰，各种管道油漆完好，颜色常新，栏杆扶梯安全牢固，无锈蚀。阀门开关编号正确，方向标志正确清晰，不漏油、不漏汽、不漏水，电动头不漏油，油漆完好。

4）进入油区不准带火种，机动车辆进入必须戴防火罩，出入登记，手续齐全。

5）铁路两旁无杂物、杂草等。

3. 工业及生活垃圾标准

（1）生活及生产垃圾应实行袋装化，并定点存放，定时清理，封闭式运输，防止存放、运输过程中发生二次污染。垃圾箱清理过程中不能损坏硬化地面及周围墙壁。

（2）机组检修设临时垃圾箱由检修部负责（在2、3号炉间，5、6号炉渣仓处）检修期间产生的垃圾不得倒入垃圾箱内（外委工程产生的建筑垃圾由施工单位负责运出厂指定地点）。

（3）严禁向垃圾箱投放大型（长度2m、直径1m以上）固体垃圾，如角铁、圆钢、钢板、铁皮、保温铁丝网、木箱、木板、大块水泥制品、架杆、架板及其他大型材料物品等杂物，上述固体垃圾应放置在垃圾箱外部某一固定位置，且方便装运。

（4）严禁向垃圾箱内投放煤粉及其他易自流的粉状垃圾。因制粉系统泄漏或检修而清理出的煤粉，一律实行袋装化，并自行投放到煤场；其他粉状垃圾袋装化后投放垃圾箱内。

（5）施工队、外包工所产生的建筑、施工垃圾及拆除的废保温一律实行袋装化，并及时运到厂外指定地点（渣厂），不得乱堆乱放或投入垃圾箱内。

（6）生产现场更换下的废旧设备、部件，在生产现场或厂房内外存放不能超过24h。

（7）马路清扫过程中，严禁往下水道内扫垃圾。

（8）车辆运送灰、渣、垃圾（含建筑垃圾）不得撒落在马路上。

4. 食堂卫生标准

（1）职工食堂（含招待所等饮食场所）的操作间、餐厅内所有设备及用具摆放有序，且干净、整齐，见本色。操作台面无油垢、无积水；烟汽罩定期清洗，无严重污垢。

（2）室内无苍蝇、老鼠，地面无污水，各类物品摆放有序，做到窗明几净。餐后桌面及时清理干净。

（3）餐具、酒具等要洗净消毒，无油垢、无异味。餐具及食品用具严禁放置在地面及其他不卫生的地方。

（4）食品保持新鲜干净，生熟食品分开存放，有防尘、防蝇、防鼠措施。

（5）炊事人员及服务人员衣帽、围裙整齐干净；经常剪指甲；便后及操作前必须先洗手；卖饭必须用夹子，不得用手抓取。

（6）无食物中毒事件发生，炊事人员及服务人员未发生传染性疾病。

（7）炊事人员及服务人员应定期查体并取得相关证明，健全、完善查体档案。

二、厂内规定、厂纪

1. 个人安全规定

（1）出入厂区的所有人员和机动车辆应配合接受门卫检查。

（2）厂区内所有人员须佩戴工作证，来访人员佩带临时通行证。

（3）在厂区内行走应走人行通道，沿斑马线或直角穿越道路，并注意两边行驶车辆。

（4）在生产区内行走不要踩踏管线、设备；不要走捷径、抄小路；非紧急情况，不要大声叫嚷，不要奔跑。

（5）厂区内机动车辆行驶最大速度不得超过 20km/h。

（6）员工的机动车和非机动车应停放在指定区域内，不得任意停放。

（7）进出生产、办公场所小心阶梯，雨天应防止淋湿的雨伞、雨衣淋湿室内地板或地面，当心滑到。

（8）上、下楼梯时应使用扶手逐级行走，在无法使用扶手的情况下（如搬运家具）搬运人员应集中精力，小心以防滑倒。

（9）所有员工在工作期间须身着规定的工作服装。

（10）厂内除指定吸烟区外，严禁吸烟。

（11）厂区内不许抛甩物品。

（12）生产区内禁止未满 16 周岁的少年、儿童入内。

（13）了解和熟悉所在区域的应急预案和应急撤离路径，掌握厂内的火灾报警电话号码。

2. 外来人员安全规定

（1）所有外来人员都必须办理登记手续，领取出入证，佩戴标志，认真学习、了解该企业危险因素及应急电话号码、就近的应急撤离路线和结合点。

（2）未经同意，外来人员严禁随意进入非工作范围的区域。

（3）聘用外来人员的部门应对外来人员的安全负责。

（4）参观、访客和检查人员进入，接待部门应有人员全程陪同。

（5）参观人员进入厂区参观，应由接待人员带领，按规定的路线行走参观。

（6）外来人员出厂时应办理出厂登记手续，退还临时出入证。

3. 外来车辆安全规定

（1）所有出入厂区的机动车辆应配合接受门卫检查、登记和领取临时车辆通行证。

（2）访客、参观等外来车辆应停放在指定的区域，不得任意停放。

（3）临时运送物资的车辆和运送危险品的车辆必须全程由物资部或由物资部通知使用部门的人员陪同。

（4）长期运送物资的车辆应根据运送地点，按指定运输线路行使，没有特殊情况（如临时道路封闭）不得在厂区其他道路上行驶。

（5）车辆运输人员应身着工作服和穿戴合适的个人劳动防护用品，并根据所装货物特性的安全要求进行装卸作业。

（6）运送和装卸危险品的车辆必须配备有合适的消防器材和应急防护用品，如化学品泄漏吸收布等。

（7）外来车辆出厂时应办理出厂登记手续，退还临时通行证。

4. 进入生产区

（1）所有人员进入生产区域，必须穿戴工作服、安全帽、安全鞋，蓄长发者须将头发盘入安全帽内。

（2）雨天时在高电压区域内行走或工作禁止使用金属杆雨伞。

（3）在进入生产区域或从事某项工作前，应了解作业区域内的警示标志，穿戴合适的个人劳动防护用品，规定如下：

1）进入 85dB 以上噪声区域必须佩戴噪声防护用品，在 1.5m 以上有坠落危险的高处作业必须使用安全带，在粉尘区佩戴防尘口罩；

2）在进行倒闸操作和其他有可能产生电弧伤害的场合应穿戴合适的防触电和防电弧防护用品；

3）在使用蒸汽、开关蒸汽阀门或在蒸汽管道上作业时，应穿戴有效的防护装置和脸部保护罩或专用护目镜，并避开蒸汽可能泄漏的方向；

4）从事接触化学品、腐蚀性物质、有毒有害物品的作业必须穿戴企业规定的个人专业防护装备。

（4）在从事下列工作时，不允许佩戴手镯、戒指、耳环、项链等松散饰物以及将钥匙挂在腰间：

1）检修工作；

2）从事电气的工作，如开关电源、换保险丝等；

3）在转动设备或其近旁工作；

4）巡检和运行操作。

（5）在生产区域内工作时，不允许打领带；在转动设备附近工作时，应束紧衣服，如来访者或管理人员行走于转动设备附近时，应将领带塞进衬衣纽扣内。

（6）管理人员进入生产区域或有访客来访参观时，不允许穿凉鞋、拖鞋等任何露脚趾的鞋，不允许穿高跟鞋或带钉鞋，不允许穿裙子，不允许披长发，如不符合本条款规定时禁止进入生产区域。

（7）禁止携带含酒精的饮料、爆炸品、火种进入易燃易爆场所；未经允许，禁止携带照相机、摄像机、便携式个人电子产品或信号发射装置等物品进入易燃易爆场所。

（8）在厂区内临时施工、检修，应在其区域处设置安全防护围栏或安全专用隔离带进行隔离，并悬挂警示牌。

（9）禁止使用汽油等挥发性溶剂清洗衣物或身上的油污。

（10）不允许使用压缩空气做清洁工作，禁止将压缩空气导向或对准身体的任何部位；若必须使用压缩空气进行设备清洁工作时，使用者需先提出使用申请，并经设备、运行部允许方可使用，操作人员应使用有效的防护装置和脸部保护罩或专用护目镜。

（11）在正常人体高度接触不到的地点作业，应使用梯子、合格的脚手架和可移动的工作平台。在有坠落危险时必须使用安全带。

（12）凡在电器、传动装置、遥控装置上进行检修时，可能对设备上的操作人员形成危险，应在设备上面挂"禁止操作"牌，并上锁锁定电源和蒸汽源。

（13）压缩气体钢瓶应立式储藏，并应固定、装帽。氧气钢瓶储藏时，应远离可燃气体钢瓶至少8m，或用防火墙分隔。

（14）不要用脚踢任何物品，以避免产生火花和人身伤害。

（15）搬运超过20kg的重物应使用工具；搬运重物应腿部使力，尽量避免腰部用力。

（16）摆放和叠放物品时应尽可能降低重心、保持稳固，应采用"低重轻高"的原则。

（17）长条物品和尖刺或锋利物品搬运时，必须确保不要危及自己和他人安全。

（18）应保持对周围环境的警觉，避免绊倒、滑倒、坠落、碰撞以及被弧光、坠物、化学气体等伤害。

5. 个人卫生要求

（1）接触化学品、粉尘、油污等工作应当在工作后淋浴；

（2）不在生产或实验室操作区就餐；

（3）不将未经清洗的工作服带回家；

（4）工艺用水不宜饮用或清洗食物。

6. 办公室安全

（1）员工办公位实行定置管理，由相应管理部门统一规划并安排。

（2）办公室内不得私自改装电气线路，如需改接必须由专业人员进行。

（3）接线板或接线盒不得乱拉乱接，负载不得超过最大额定容量。

（4）应确保插座及电气设备等不被任何物体覆盖，并防止液体溅洒到电气设备上。

（5）下班离开时，应关闭所有电源开关，最后离开办公室的人员应检查并关闭室内照明及其他电源开关。

（6）对设置在公共区域的饮水机、复印机及办公设备应指定专人负责检查并确保下班关闭电源。

（7）坐在直背椅上不应后仰至2只椅脚离地，坐在装有滚轮的椅子上时不应两脚上翘，以防止倒地。

（8）吸烟应到指定区域，在允许吸烟的场所应提供烟灰缸；禁烟区应张贴"禁止吸烟"的警告标志。

（9）应在各楼层转弯处、应急出口设置指示牌，员工应了解和熟悉所在楼层的应急撤离路径。应急通道内不得堆放任何物件，应始终保持畅通。

（10）每个员工应做到：

1）保持工作场所清洁、整齐；

2）保持办公室设施状况良好。发现文件柜、桌、椅等破损可能导致人员受伤，应停止使用，并及时修复或更换；

3）避免在文件柜顶放置物品；

4）废弃物应放入指定的垃圾桶内；

5）溅漏液体应立即抹干；

6）抽屉，文件柜门、厨柜门等用后应立即关好。

（11）处理破裂的玻璃等可能伤手的物品时必须用工具或戴防割手套，取下的玻璃等将其放在单独的容器，并贴上提醒标识。

（12）下班后，各办公场所警卫人员应每小时对管辖的区域巡查一遍，检查本区域的安全情况。

（13）其他按照《办公场所安全管理规范》执行。

7. 工具和物件安全

（1）进入生产区，如需使用小型工具作业，小型工具都应放入工具包。

（2）新的工具在投入使用前，必须经过安全检查。

（3）自制或改造的非标准工具，必须经部门技术主管领导和安全人员的检查和批准方可使用。

（4）使用任何工具前，应检查其状况以确定能否安全使用；检查标签已过期的工具，不论其状况如何，都不能使用。

（5）各类工具，如刀具、凿和冲头，不用时都应放在工具箱内。

（6）不得私自拆卸、试验或操作电动或气动工具。

（7）使用电动或气动的便携工具时，要注意手和身体的位置，避免伤害，并使用护目镜及耳塞。

（8）地板、走道和安全通道要保持干净，无障碍，以防止滑跌和绊倒。

（9）任何工地、检修场所、仓库、储存室（点）应做好整理、整顿、清扫等文明生产和管理工作。

8. 作业和特殊作业安全

（1）严禁在未获得工作许可的情况下进行任何非常规工作和危险作业。

（2）凡在生产区域工作必须严格执行《电力安全作业规程》，办理工作票或工作联系单。

（3）凡在生产区域涉及动火作业时应办理《动火安全措施票》和工作许可。

（4）凡在生产区域涉及以下作业的应申请相应的特殊作业许可，并填写《特殊作业安全措施票》：

1）高处作业；

2）临时用电；

3）吊装作业；

4）管线断开和带压堵漏；

5）受限空间作业；

6）挖掘作业；

7）放射性作业；

8）爆破作业；

9）潜水作业。

9. 消防及应急

（1）所有员工都应参加消防器材的使用培训，熟悉消防器材、逃生通道的位置，掌握必要的应急逃生技巧。

（2）禁止挪用消防器材。

（3）保持疏散、逃生通道畅通。不得在消防通道内堆放任何物品。

（4）应急照明、疏散指示标志、消防报警设施应齐备完好。

（5）通道防火门的闭门器应完好。

（6）始终保持各种通道畅通，尤其是取用紧急设备的通道要随时保持畅通，决不能阻塞（如消防器材、疏散通道、救援物品等）。

10. 交通安全

（1）严格执行国家、地方政府交通法律、法规，按规定乘车和驾车。

（2）过马路应走人行横道，在没有人行横道的路口，应从距离路口 5m 以外穿越马路，避免紧靠路口穿行。

（3）驾驶车辆人员必须取得正式机动车驾驶证，车证相符；持有效的特种车辆操作证人员方可驾驶特种车辆。

（4）所有驾、乘人员必须系安全带；驾驶员有义务要求乘客系好安全带，在乘客没有系好安全带前不能行车。

（5）禁止驾、乘人员将身体任何部位伸出车（窗、门）外。

车辆驾驶守则：① 所有驾驶员应当随身携带驾驶证件；② 行车时遵守道路行驶指示的规定；③ 行人优先，车辆应当避让；④ 禁止客货混装；任何人员不得坐在运输的货物上；⑤ 车辆不准超载；⑥ 驾驶车辆时，禁止使用手机。如确需使用，停车靠边或用耳机；⑦ 禁止坡道、弯道超车；⑧ 在没有交通指示的路口应减速观察；⑨ 驾驶员执行长途驾驶作业，需有两名驾驶员交替驾驶，运输的前夜至少应保证 8h 睡眠，连续驾车 200km 时应停车休息 20min 以上；⑩ 禁止在可以引起嗜睡的药品的影响下驾车；⑪ 驾驶员不得擅自将车交给他人驾驶；非驾驶人员不得向驾驶员提出驾驶的要求；⑫ 严禁酒后驾车，机动车驾驶员无论在何时、何地，驾驶何种性质的车辆，均不得有酒后驾驶行为。

车辆停放：① 在指定地点；② 无人时引擎熄火；③ 门窗密闭时禁止长期开启空调；④ 禁止将车停靠在消防栓附近；⑤ 不得阻碍车辆和行人通行以及阻塞消防通道；⑥ 进入车下检查，应熄火、刹上手刹。

11. 事件、事故和隐患报告

（1）发现任何事故或不安全情况应立即向部门领导报告，并上报安监部（室）。

（2）发生任何伤害，不论伤害多么轻微应立即向部门领导报告，并上报安监部（室）。如有需要，应立即接受治疗。

（3）员工有权立即向部门领导报告所有违章行为和安全隐患，对任何可能引起不安全状况或伤害的行为都要立即制止或报告。

（4）企业激励员工报告任何不安全事件、事故和安全隐患，并奖励因上报而避免可能引起事故的员工。

第二章
电力安全工作规定

CHAPTER 2

一、安全生产工作管理规定

（1）公司以人为本，坚持"科学发展、安全发展"，坚持"安全第一，预防为主，综合治理"的方针，牢固树立"安全就是效益、安全就是信誉、安全就是竞争力"的安全理念。

（2）公司强化红线意识，底线思维，严格贯彻执行国家法律法规、国标行标以及上级管理单位颁发的规定、办法等，认真落实安全生产主体责任，建立健全"党政同责、一岗双责、齐抓共管"的安全

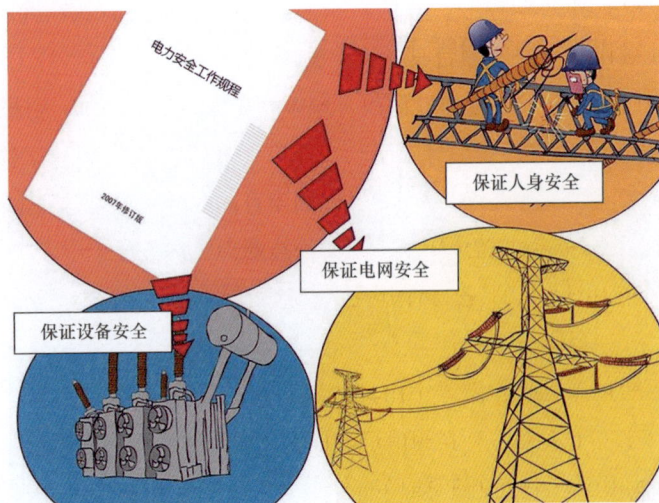

生产责任体系，并根据生产经营活动范围，建立健全安全责任、安全投入、安全培训、安全管理、应急救援等方面的规章制度，规程标准。

（3）公司成立安全生产委员会，落实安全生产方针及安全生产责任制，研究和决定安全生产工作的重大决策和措施，协调解决安全生产重大问题。安全生产委员会主任由本单位的行政正职担任，其他领导和有关部门负责人为成员；设立安全生产委员会办公室，作为安委会的办事机构。

（4）公司根据生产经营活动实际建立健全安全生产保证体系和安全生产监督体系。安全保证体系对完成安全生产工作负有保障职责。安全监督体系对企业的安全生产工作负有监督监察的职责。

（5）公司按照财政部和国家安监总局联合制定的《企业安全生产费用提取和使用管理办法》等国家、行业和上级公司的规定，提取和使用安全生产费用，所提费用应充足，满足安全生产需要，并专用于完善安全生产设施和安全生产条件、事故隐患排查和治理、职业病危害预防、安全教育培训、安全检测和评价、安全奖励、事故应急救援、反事故措施、劳动保护用品的配备等。

（6）公司工会依法组织职工参加本单位安全生产工作的民主管理和民主监督，维护职工在安全生产方面的合法权益。企业制定或者修改有关安全生产的规章制度，应当听取工会的意见。工会与监察、人资等部门有权参与事故调查，依靠职工共同做好安全生产工作。企业依法参加工伤社会保险，为员工缴纳工伤保险费。

二、安全生产责任制

公司制定涵盖本单位各级领导、各部门、各岗位人员的安全生产责任制和安全工作到位标准，明确各部门及岗位人员的安全职责，做

到各司其职，各负其责，密切配合，相互协调。

公司行政正职是本单位的安全第一责任人，对本单位的安全生产工作和生产安全绩效目标的完成负全面责任。党委（组）领导、行政副职（包括总工程师、总经济师、总会计师）是分管工作范围内的安全第一责任人，对分管工作范围内的安全生产工作负领导责任。

公司自上而下建立健全安全生产监督体系，行使安全生产监督职能。

公司设立安全生产监督机构，配备专职安全监督人员。

煤化工、煤矿等高危行业企业的专职安全监督人员的配备必须符合国家及相关行业有关规定，专职安全监督人员必须具备国家注册安全工程师任职资格或国家规定的其他任职资格。

安全生产监督机构由各单位行政正职主管或受行政正职委托的行政副职分管，业务上受上级安全监督机构的领导。基层企业的安全生产监督机构由企业的行政正职主管。

公司建立健全由企业安全监督人员、部门（车间、队）安全员、班组安全员组成的三级安全网，主要生产部门（车间、队）设专职安全员，其他部门（车间、队）和班组设兼职安全员。

公司结合本单位的生产特点，制定安全生产监督工作的具体办法或细则，明确安全生产监督工作的内容和要求，以及安全监督机构的职责和安全生产监督人员的职权。

公司不得因安全生产监督人员依法履行职责而降低其工资、福利等待遇或者解除与其订立的劳动合同。

三、安全生产制度

公司对国家和上级颁发的有关安全生产法律法规、标准、规定、规程、制度、反事故措施等必须严格贯彻执行。

各企业在贯彻中可以结合实际制定细则或补充规定，但不得与上级规定相抵触，不得低于上级规定的标准。

1. 建立健全保障安全生产的下列规程和制度

（1）根据上级颁发的规程、制度、反事故技术措施和设备厂商的说明书，编制企业各类设备的现场运行规程、制度，经主管副总经理或总工程师批准后执行。

（2）根据上级颁发的检修规程、制度，制定本企业的检修管理制度；根据典型技术规程和设备制造说明，编制主、辅设备的检修工艺规程和质量标准，经主管副总经理或总工程师批准后执行。

（3）发电企业要根据《电网调度管理条例》和电网的调度要求，编制本企业的调度规程，经主管副总经理或总工程师批准后执行。

（4）煤化工、煤矿等其他多种产业生产企业要结合本企业工艺流程的特点及管理要求，编制本企业的调度规程，经主管副总经理或总工程师批准后执行。

（5）根据上级颁发的施工管理规定，编制工程项目的施工组织设计和安全施工措施，按规定审批后执行。

（6）根据国家和上级颁发的消防规程、制度，制定本企业的实施细则，按规定批准后执行。

（7）根据上级颁发的安全生产管理规章制度，制定本企业的实施细则，按规定审批后执行。

2. 及时修订、复查现场规程、制度

（1）当上级颁发新的规程和反事故技术措施、设备系统变动、本企业事故防范措施需要修改现场规程时，应及时对现场规程进行补充或对有关条文进行修订，书面通知有关人员。

（2）至少每年应对现场规程进行一次复查、修订，并书面通知有关人员；不需修订的，也应出具复查人、批准人签名的"可以继续执行"的书面文件，通知有关人员。

（3）现场规程每3~5年进行一次全面修订、审定，并印发。现场规程的补充或修订，应严格履行审批程序。

公司每年公布一次本单位现行的现场规程、制度清单，并按清单配齐各岗位有关的规程制度。

公司内工作的其他组织、个人必须按规定严格执行"两票"（工作票、操作票）"三制"（交接班制、巡回检查制、设备定期试验轮换制）和设备缺陷管理等制度；施工作业必须严格执行安全施工作业票和安全技术交底制度。

煤化工、煤矿等其他多种产业企业要根据企业的生产特点，制定并严格执行生产现场工作和操作及设备和系统缺陷管理等制度，确保现场作业安全，确保隐患得到及时治理。

公司必须严格执行各项技术监督和监控规程、标准，充分发挥技术监督和监控专责人的技术管理作用，保证设备和电网安全可靠运行。要根据企业的技术特点，明确各相关专业的技术监控的标准和要求，

积极依托系统内外的技术力量，实施有效监控。

公司应以安全生产标准化为载体，建立健全安全生产管理体系，并有效运作，确保各项规章制度有效执行。

四、安全生产"两措""计划"

公司每年应编制并实施"两措"计划，即年度反事故措施计划和安全技术劳动保护措施计划。

公司年度反事故措施计划应由分管生产的领导组织，生产技术部门为主，安全监督等有关部门参加制定；安全技术劳动保护措施计划由分管安全工作的领导组织，以安监或劳动人事部门为主，各有关部门参加制定。

公司的反事故措施计划应根据国家和上级颁发的反事故技术措施、需要消除的重大缺陷、提高设备可靠性的技术改进措施以及本企业事故防范对策进行编制。反事故措施计划应纳入检修、技改计划。

安全技术劳动保护措施计划应根据国家、行业、集团公司颁发的标准，以"关爱生命，关注安全"为出发点，从减轻职工压力、改善劳动条件、防止人身伤亡事故、预防职业病、推动安全设施标准化、提高消防水平等方面进行编制。项目安全施工措施应根据施工项目的具体情况，从作业方法、施工机具、工业卫生、作业环境等方面进行编制。

安全性评价、安全检查、危险点分析、技术监督、重大危险源管理、缺陷管理、可靠性分析等结果应作为制定反事故措施计划和安全技术劳动保护措施计划的重要依据。

防汛、抗震、防台风等应急预案所需项目，可作为制定和修订反事故措施计划的依据。

发电、煤化工、煤矿企业应优先安排反事故措施计划、安全技术劳动保护措施计划及矿井灾害预防和处理计划所需资金。安全技术劳动保护措施计划所需资金每年从更新改造费用或其他生产费用中提取，专项使用。

安全监督部门负责监督反事故措施计划和安全技术劳动保护措施计划的实施，对存在的问题应及时向主管领导汇报。

公司主管领导和车间负责人应定期检查反事故措施计划、安全技术劳动保护措施计划的实施情况，并保证反事故措施计划、安全技术劳动保护措施计划的落实。

五、安全生产教育和培训

公司安全生产培训实行逐级负责制。公司应按照《国务院安委会关于加强安全生产培训工作的决定》等法律法规的要求，依法履行安全生产培训的主体责任，建立健全以"一把手"负总责、领导班子成员"一岗双责"为主要内容的安全培训责任体系，严格执行从业人员"培训合格，持证上岗"制度。

公司应制定安全生产培训制度和计划，认真组织实施，确保从业人员（本单位职工、劳务派遣人员、承包单位人员等对从业人员的界定，是否可以最后明确放入附则）依法接受安全生产培训的权利得到保证，掌握岗位工作所需的安全生产知识，提高安全生产技能，增强事故预防和应急处理能力。

公司在制订安全生产培训制度和计划时，应充分考虑生产经营活动特点、各岗位所需安全生产专业知识和技能、从业人员基本情况（年龄结构、经历、技能水平、岗位变化）、队伍建设要求等，提高培训制度、计划的针对性和实效性。

特种作业人员必须按照国家有关规定，经专门的特种作业培训，取得国家颁发的特种作业操作资格证书，持证上岗。

应建立从业人员安全生产培训档案，确保每个从业人员全职业周期内接受培训的情况录入档案。

六、安全生产例行工作

1. 班前会和班后会

由班长组织，班组安全员协助。

班前会：接班（开工）前，结合当班运行方式和工作任务，做好危险点分析，布置安全措施，交代注意事项。

班后会：总结讲评当班工作和安全情况，表扬好人好事，批评忽视安全、违章作业等不良现象，并做好记录。

2. 安全日活动

由班长组织，班组安全员协助，车间领导参加并检查活动情况。

班（组）每周或每个轮值进行一次安全日活动，活动以学习有关上级文件和会议精神，学习事故通报，分析本企业、车间和班组发生的不安全事件以及典型的违章现象，分析作业环境可能存在的危险因素，岗位应急预案，岗位应急设施的使用等为主要内容。

3.安全分析会

集团公司、各分子公司每季度进行一次安全分析会；发电、化工、煤矿及其他多种产业企业每月至少召开一次安全分析会，综合分析安全生产趋势，及时总结事故教训及安全生产管理上存在的薄弱环节和重点工作的进展情况，研究采取预防事故的对策和各项工作的改进措施。会议由企业安全第一责任人主持，有关职能部门负责人参加。

4.安全监督及安全网例会

集团公司、各分子公司每年至少召开一次安全监督例会，（集团）公司安监部门负责人主持，所管理和所属企业的安监部门负责人参加；发电企业应每月至少召开一次安全网例会，企业安监部门负责人主持，安全网成员参加。

5.安全检查

企业应经常性地开展定期和不定期安全生产检查（自查和上级管理单位组织的互查、督查）。定期检查包括春季和秋季安全检查，春季和秋季安全检查应结合季节特点和事故规律每年至少进行一次。

安全检查前应根据生产设备的健康状况、建设项目（发、承包工程）进度节点和施工工艺要求等编制检查提纲或安全检查表，经主管领导审批后执行。检查内容以查领导、查思想、查管理、查规程制度、查隐患为主，对查出的问题要制定整改计划，明确责任人，并监督落实。

6.安全简报或通报

系统各有关企业应定期或不定期编写安全简报、通报、快报，综合安全情况，分析事故规律，吸取事故教训。

安全简报至少每月出一期。安全简报的内容应包括企业违章考核、

"两票"执行、"两措"计划执行、重大危险源评估及动态监控、星级考评、安全监督例行评估情况及分析。

7. 安全性评价

系统各有关企业要以安全性评价为手段开展风险评估与控制工作，原则上安全性评价工作以三年为一个周期开展。

8. 安全生产月

系统各有关企业的"安全生产月"活动每年按照政府部门的要求和集团公司的部署开展，"安全生产月"活动的重点是加大安全生产工作的宣传力度，增强全社会对安全生产工作的认识，提高全民的安全生产意识，提高企业的安全文化水平。

9. 重大危险源评估

公司每年一季度由总工程师负责，开展本企业的重大危险源评估工作，对重大危险源的风险进行评估、分级，实施针对性的监控措施。

10. 风险预控体系建设

公司结合生产经营实际，以危害辨识、风险评估、风险控制和持续改进为原则，建立安全生产风险预控体系，实现事前危害辨识和风险评估，事中落实管控措施，事后总结改进，实现安全生产风险超前管控。

11. 隐患排查

公司遵循"谁管理，谁负责"和"全员、全方位、全过程及闭环管理"的原则，认真开展事故隐患排查治理工作，建立事故隐患排查、治理、评估、监控、整改、验收、销号等制度，切实做到责任、措施、资金、期限和预案"五落实"。各单位生产技术、运行、检修、工程建设、合同计划等专业职能部门是本单位、本专业事故隐患排查治理的直接管理部门。安全生产监督部门是事故隐患排查治理的监督部门，负责相关数据的汇总、统计和分析。隐患排查治理结果应按相关规定每月及时上报。

12. 反违章

公司应持续开展反违章工作，将违章等同事故对待，按照"四不放过"原则，查找原因、分清责任、落实措施，对责任人给予考核。违章现象月度统计表应按相关规定每月及时上报。

七、建设项目

公司的建设项目（包括新建、改建、扩建及大型技术改造工程项目），实行建设项目法人负责制，负责项目的安全管理工作，承担本规定所明确的组织、协调、监督责任。

建设项目同时满足以下条件的，必须成立建设项目安全生产委员会（以下简称安委会）。

（1）同时有两个及以上施工企业在建设工地施工。

（2）建设工地施工人员总数超过 100 人。

（3）项目工期超过 180 天。

项目法人单位负责召集成立安委会，并出任安委会主任。安委会其他成员由监理、施工、设计等参建单位的法定代表人或法定代表人授权的人员担任。

安委会成员单位发生变化的，须在 7 天内根据变化情况相应调整委员会成员。

安委会的基本任务：

（1）动员和组织各参建单位贯彻落实国家有关安全生产的方针、政策、法令、法规以及上级关于安全生产、安全健康与环境工作的部署和要求，决定工程建设中安全文明施工管理的重大措施。

（2）讨论通过项目法人单位制定的项目安全目标、安全工作计划、安全技术措施计划以及项目法人单位的工程项目安全生产管理制度，并动员和组织参建单位落实。

（3）通过并发布建设工地各参建单位必须遵守的统一的安全工作规定和安全健康与环境工作规定，决定工程中重大安全问题的解决办法，协调参建单位相互之间安全问题的关系。

安委会不替代各参建单位的内部安全管理工作。

安委会必须在建设项目开工前成立并召开第一次会议，以后至少每季度召开一次会议。

会议决议和内容应以书面形式向所有参建单位通告。

安委会下设安全监督工作办事机构，负责安委会的日常管理工作。

办事机构成员由项目法人单位专职安全监督人员和项目监理公司安全监理工程师组成。

安全监督工作办事机构向安委会负责。其主要任务如下：

（1）监督各项目参建单位执行安委会决议的情况。

（2）对工程中的重大安全文明施工问题提出处理意见交安委会审定。

（3）建立与各监理单位、施工单位等参建单位安全管理机构的安全信息网联系制度并组织安全网正常活动，协调各单位与安全监理工程师之间工作的配合，共同保证安委会各项决议的落实。

安委会应建立工程施工过程中的事故报告和安全档案制度，进行事故的统计、分析，随时掌握项目施工过程中的人身伤亡及各种事故情况，并由项目法人单位逐级上报。

建设项目的参建单位在工程中的重伤、死亡事故的统计、考核除按照归属关系上报、考核外，还应报告本工程的安委会。

安委会对参建单位的安全考核结论由安委会决议确定。

八、事故应急处理与调查

公司应建立健全安全生产（事故灾难、自然灾害类）突发事件应急管理组织体系，明确和落实各级应急管理责任，确保应急管理纳入安全生产管理的各个环节，形成响应及时、协调有序、处置高效的应急管理机制。

公司应针对生产经营活动中可能发生的安全生产突发事件进行风险评估，制定安全生产专项应急预案和现场处置方案，符合国家、行业和集团公司对安全生产突发事件的处置要求，并做到内容要简明、实效，有针对性和可操作性。

公司安全生产应急专项预案和现场处置方案的编制、评审、备案、演练、评估等管理工作，应严格执行国家、行业以及集团公司相关规定。

公司应定期组织相关安全生产应急专项预案按和现场处置方案的演练，及时评估、修订预案（方案）。

公司应根据安全生产专项预案和现场处置方案的要求，保证事故备品、救援装备、安全防护用品等的应急物资储备，确保满足应急处置需求。

公司的应急救援要接受地方人民政府的领导，配合地方政府做好影响公共安全的危急事件的应急救援等相关工作；要积极配合电网经营和调度机构做好防止电网瓦解及大面积停电等保证电网安全应急救援工作。

公司实行生产安全事故"三个渠道"报告制度，由各单位的主要负责人、行政管理部门和安监部门在规定时间内向上一级对口领导、部门报告。各单位必须按照职责分工落实三个渠道报告的责任制。

发生生产安全事故后，事故现场有关人员应当立即报告本企业负责人。企业负责人接到事故报告后，应当迅速采取有效措施，组织抢救，防止事故扩大，减少人员伤亡和财产损失；并按照国家和集团公司系统有关规定及时如实报告，不得隐瞒不报、谎报或者拖延不报，不得故意破坏事故现场、毁灭有关证据。

事故调查处理应当按照实事求是、尊重科学的原则，及时、准确地查清事故原因，查明事故性质和责任，总结事故教训，提出整改措施，并对事故责任者提出处理意见。事故调查和处理的具体办法按照国家和集团公司的有关规定执行。

按照"四不放过"的原则（即事故原因未查清不放过、责任人员未处理不放过、整改措施未落实不放过、有关人员未受到教育不放过），实行生产安全事故责任追究制度和各级企业逐级承担相关责任的制度。

九、外包工程安全管理规定

公司应建立发承包工程安全管理制度，规范发、承包方的安全生产行为。

操作人员应持证上岗

操作证

绝缘斗臂车应经检验合格

公司的工程发包应做好以下工作：

（1）通过资质审查、招标定标、签订合同等程序，选择资质能力满足要求的承包单位。

（2）发承包签订的合同中应明确工期、安全措施费用等，同时应签订安全生产管理协议作为合同附件，具体规定发承包双方各自应承担的安全责任、考核条款，由发包方安全监督部门审查同意，并签订安全协议作为合同附件。

公司在工程项目发包前必须对承包方安全施工资质和条件进行审查。

（1）有关部门核发的营业执照和相关资质证书、法人代表资格证书、施工业绩和近3年安全施工记录。

（2）施工负责人、工程技术人员的技术素质应符合工程要求。

（3）保证安全施工需要的机械、工器具及安全防护设施。涉及定期试验的工器具、绝缘用具、施工机具、安全防护用品应提交由具有检验、试验资质部门出具的、在有效期内的检验报告。特种作业人员应持有合格的《特种作业操作证》。

（4）具有两级机构的承包方应设有专职安全管理机构，施工队伍超过30人的必须配备专职安全员，30人以下的设兼职安全员。

（5）对承包方的安全施工资质进行审查，确定其符合本规定第九十二条所列条件。

（6）开工前对承包方负责人和工程技术人员进行全面的安全技术交底，并应有完整的记录或资料。

（7）在有危险性的生产区域（或其他区域）内作业，如有可能发生火灾、爆炸、触电、高空坠落、中毒、窒息、机械伤害、烧烫伤、冒顶、透水、垮（坍）塌等容易引起人员伤害和设备事故的场所作业，发包方应事先进行安全技术交底并要求承包方制定安全措施，审查合格后监督实施。

（8）合同中规定由发包方承担的有关安全、劳动保护等方面的其他责任。

双方应在合同中约定，发包方可以预留一定比例的费用作为安全风险抵押金。在发生人身死亡或其他事故时，由发包方根据工程规模和工期或安委会决议确定安全风险抵押金的扣除比例。

安全风险抵押金由企业财务部门管理，安全管理部门负责考核并监督执行情况。

因承包方责任造成发包方的非人身事故，由发包方负责统计上报，各企业依据集团公司有关事故责任追究制度对发包方进行考核。

发包方根据合同中相关条款对承包方进行考核。

公司的部门（车间、队）、班组禁止作为工程的发包方对外发包工程项目。

公司作为承包方承包公司系统以外的运营、检修维护、技改、建设等工程，必须做好以下工作：

（1）了解发包方的生产管理流程、生产工艺流程以及设备状况，对作业现场可能的危险因素进行分析，并制定相应的措施；

（2）要求发包方进行全面的技术交底，提供相关的设备技术资料和检测评估报告；

（3）检查作业现场的各项安全设施、劳动防护措施符合现场作业安全的要求；

（4）与发包方签订安全协议，明确双方应担负的各自安全责任；

（5）针对复杂和危险性较大的承包项目制定安全施工组织措施、安全技术措施，经发包方批准后实施。

公司承包系统外工程，其安全监督机构必须监督管理到位，对于现场条件不符合安全生产要求影响人身安全的状况，安全监督部门要及时报告、督促工程项目负责人与发包方交涉，必要时要求本企业的现场工作人员停工。

公司在承、发包工程实施过程中必须严格执行现场安全技术措施交底制度。

一、带电作业

本内容适用于在海拔 1000m 及以下交流 10~500kV、海拔 2000m 及以下 750kV 的高压架空电力线路、变电站（发电厂）电气设备上，采用等电位、中间电位和地电位方式进行的带电作业，以及低压带电作业。

在海拔 1000m 以上（750kV 为海拔 2000m 以上）带电作业时，应

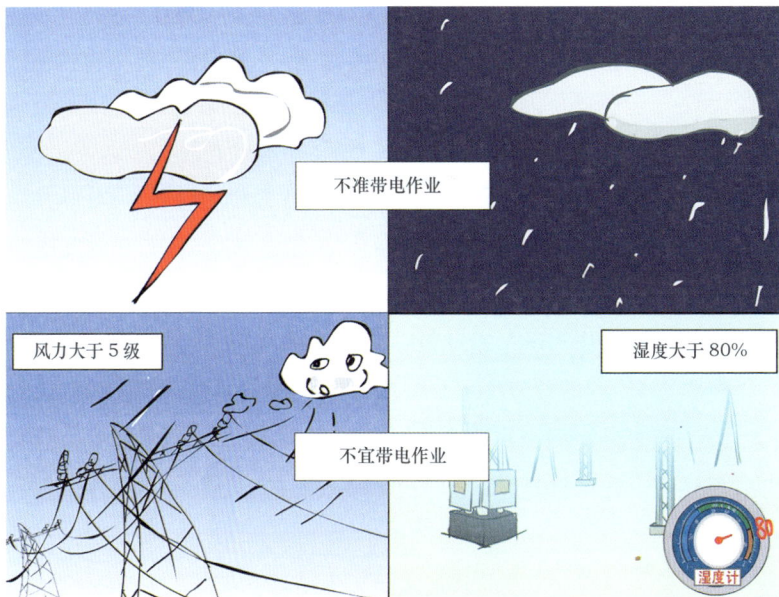

不准带电作业

风力大于 5 级

不宜带电作业

湿度大于80%

湿度计

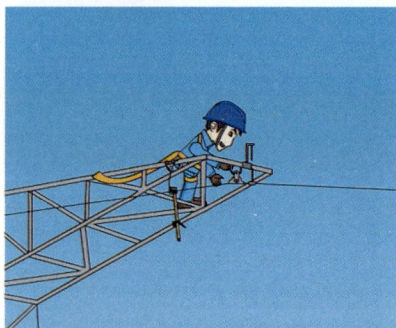

根据作业区内的不同海拔，修正各类空气与固体绝缘的安全距离和长度、绝缘子片数等，编制带电作业现场安全规程，经本企业主管生产的副厂长（或总工程师）批准后方可进行。

1. 基本要求

（1）经工程师鉴定，无妨碍工作的病症（体格检查每两年至少一次）。

（2）具备必要的电气知识和业务技能，且按其岗位和工作性质，熟悉本规程的有关部分，并经考试合格，持证上岗。

（3）具备必要的安全生产知识，学会紧急救护法，特别要学会触电急救。

2. 教育和培训

（1）电气工作人员应进行安全生产教育和岗位技能培训。

（2）电气工作人员对本规程应每年考试一次。间断电气工作连续三个月以上者，必须重新温习本规程，并经考试合格后，方能恢复工作。

（3）新参加电气工作的人员、实习人员和临时参加劳动的人员，必须经过安全知识教育后，方可进入现场随同参加指定的工作，但不得单独工作。

（4）外单位参与电气工作的人员，应熟悉本规程，并经考试合格，方可参加工作。工作前设备运用管理单位有关人员应告知现场电气设备的接线情况、危险因素、防范措施及事故应急措施。

3. 带电作业基本规定

（1）带电作业应在良好天气下进行。如遇雷电（听见雷声、看见闪电）、雪、雹、雨、雾等，不应进行带电作业。风力大于 5 级，或湿度大于 80% 时，不宜进行带电作业。

在特殊情况下，需在恶劣天气进行带电抢修时，应组织有关人员充分讨论并编制必要的安全措施，经电厂主管生产的副厂长（或总工程师）批准后方可进行。

（2）对于比较复杂、难度较大的带电作业新项目和研制的新工具，应进行科学试验，确认安全可靠，编制操作工艺方案和安全措施，并经企业主管生产的副厂长（或总工程师）批准后，方可进行和使用。

（3）参加带电作业的人员，应经专门培训，并经考试合格、企业书面批准后，方能参加相应的作业。带电作业工作票签发人和工作负责人、专责监护人应由具有带电作业实践经验的人员担任。

（4）带电作业应设专责监护人。监护人不得直接操作。监护的范围不得超过一个作业点。复杂或高杆塔作业必要时应增设（塔上）监护人。

（5）带电作业工作票签发人或工作负责人认为有必要时，应组织有经验的人员到现场勘察，根据勘察结果判断能否进行带电作业，并确定作业方法、所需工具，以及应采取的措施。

（6）带电作业有下列情况之一者应停用重合闸，并不得强送电：

1）中性点有效接地的系统中有可能引起单相接地的作业。

2）中性点非有效接地的系统中有可能引起相间短路的作业。

3）工作票签发人或工作负责人认为需要停用重合闸的作业。

严禁约时停用或恢复重合闸。

（7）带电作业工作负责人在带电作业工作开始前，应与值班调度员联系。需要停用重合闸的作业和带电断、接引线应由值班调度员履行许可手续。带电作业工作结束后应及时向值班调度员汇报。

（8）在带电作业过程中如设备突然停电，作业人员应视设备仍然带电。工作负责人应尽快与调度联系，值班调度员未与工作负责人取得联系前不得强送电。

4. 一般安全技术措施

（1）进行地电位带电作业时，人身与带电体间的安全距离不得小于表 3-1 的规定。35kV 及以下的带电设备，不能满足规定的最小安全距离时，应采取可靠的绝缘隔离措施。

表 3-1　带电作业时人身与带电体的安全距离

电压等级（kV）	10	35	63（66）	110	220	330	500	750
距离（m）	0.4	0.6	0.7	1.0	1.8（1.6）[①]	2.6	3.4（3.2）[②]	5.2（5.6）[③]

[①] 因受设备限制达不到 1.8m 时，经企业主管生产的副厂长（或总工程师）批准，并采取必要的措施后，可采用括号内（1.6m）的数值。

[②] 海拔 500m 以下，500kV 取 3.2m，但不适用于 500kV 紧凑型线路。海拔在 500~1000m 时，500kV 取 3.4m。

[③] 5.2m 为海拔 1000m 以下值，5.6m 为海拔 2000m 以下的距离。

（2）绝缘操作杆、绝缘承力工具和绝缘绳索的有效绝缘长度不得小于表 3-2 规定。

（3）带电作业不得使用非绝缘绳索（如棉纱绳、白棕绳、钢丝绳）。

（4）带电更换绝缘子或在绝缘子串上作业时，应保证作业中良好绝缘子片数不得少于表 3-3 的规定。

表 3-2 绝缘工具最小有效绝缘长度

电压等级 （kV）	有效绝缘长度（m）	
	绝缘操作杆	绝缘承力工具、绝缘绳索
10	0.7	0.4
35	0.9	0.6
63（66）	1.0	0.7
110	1.3	1.0
220	2.1	1.8
330	3.1	2.8
500	4.0	3.7
750	—	5.3

表 3-3 带电作业中良好绝缘子最少片数

电压等级 （kV）	35	63 （66）	110	220	330	500	750
片数	2	3	5	9	16	23	25

（5）更换直线绝缘子串或移动导线的作业，当采用单吊线装置时，应采取防止导线脱落的后备保护措施。

（6）在绝缘子串未脱离导线前，拆、装靠近横担的第一片绝缘子时，应采用专用短接线或穿屏蔽服方可直接进行操作。

（7）在市区或人口稠密的地区进行带电作业时，工作现场应设置围栏，派专人监护，严禁非工作人员入内。

（8）非特殊需要，不应在跨越处下方或邻近有电力线路或其他弱电线路的档内进行带电架、拆线的工作。如需进行，则应制定可靠的安全技术措施，经本企业主管生产的副厂长（或总工程师）批准后，方可进行。

（9）采用绝缘手套作业法或绝缘杆作业法时，应根据作业方法选用人体绝缘防护用具，使用绝缘安全带、绝缘安全帽。必要时还应戴护目眼镜。工作人员转移相位工作前，应得到工作监护人的同意。

（10）交流线路地电位登塔作业时应采取防静电感应措施。

5. 带电作业工具的保管和使用

（1）带电作业工具的保管：

1）带电作业工具应存放于通风良好、清洁干燥的专用工具房内。工具房门窗应密闭严实，地面、墙面及顶面应采用不起尘、阻燃材料制作。室内的相对湿度应保持在 50%~70%。室内温度应略高于室外，且不应低于 0℃。

2）带电作业工具房进行室内通风时，应在干燥的天气进行，并且室外的相对湿度不得高于 75%。通风结束后，应立即检查室内的相对湿度，并加以调控。

3）带电作业工具房应配备：湿度计，温度计，抽湿计（数量以满足要求为准）。辐射均匀的加热器，足够的工具摆放架、吊架和灭火器等。

4）带电作业工具应统一编号、专人保管、登记造册，并建立试验、检修、使用记录。

5）有缺陷的带电作业工具应及时修复，不合格的应及时报废，严禁继续使用。

6）高架绝缘斗臂车应存放在干燥通风的车库内，其绝缘部分应有防潮措施。

（2）带电作业工具的使用：

1）带电作业工具应绝缘良好、连接牢固、转动灵活，并按厂家使用说明书、现场操作规程正确使用。

2）带电作业工具使用前应根据工作负荷校核满足规定安全系数。

3）带电作业工具在运输过程中，带电绝缘工具应装在专用工具袋、工具箱或专用工具车内，以防受潮和损伤。发现绝缘工具受潮或表面损伤、脏污时，应及时处理并经试验或检测合格后方可使用。

4）进入作业现场应将使用的带电作业工具放置在防潮的帆布或绝缘垫上，防止绝缘工具在使用中脏污和受潮。

5）带电作业工具使用前，仔细检查确认没有损坏、受潮、变形、失灵，否则禁止使用。并使用 2500V 及以上绝缘电阻表或绝缘检测仪进行分段绝缘检测（电极宽 2cm，极间宽 2cm），阻值应不低于 700Ω。操作绝缘工具时应戴清洁、干燥的手套。

二、电力电缆工作

1. 基本概念

（1）电力电缆：有绝缘、铠装、保护层，主要用在发、配、输、变、供电，线路中的电能传输，通过的电流大、电压高。

（2）绝缘层：电缆中具有耐受电压特定功能的绝缘材料。

（3）电缆附件：在电缆线路中与电缆配套使用的附属装置的总称。

（4）电缆的分类：电力电缆、控制电缆、计算机及通信电缆、补偿电缆、移动用电缆、耐高温电缆、电机引接软电缆。

（5）电缆的结构：导电体、绝缘层、内护层、绕包层、铠装层、阻燃外护层。

（6）屏蔽层：将电磁场限制在电缆内或电缆元件内，并保护电缆免受外电场、磁场影响的屏蔽层。包覆在电缆外的屏蔽层通常接地。

（7）铠装层：通常用以防止外界机械影响，由金属带、线、丝，制成的电缆的覆盖层。

（8）交联：借物理或化学方法使塑料由线性结构转变为空间网状结构的过程。

2. 风险控制点

（1）管理规范和培训：对电力电缆上的工作实行规范化管理。电力电缆上的工作的人员应参加企业组织的培训，并考试合格。

（2）人员资质：从事电力电缆工作的人员，必须经过专业技术培训及专业考试合格。

（3）危害辨识：

1）在电力电缆上的工作应填用工作票。工作前必须详细核对电缆名称，标志牌是否与工作票所写的符合，安全措施正确可靠后，方可开始工作。

2）电力电缆设备的标志牌要与电网系统图、电缆走向图和电缆资料的名称一致。

3. 电缆施工的安全措施

（1）电缆直埋敷设施工前应先查清图纸，再开挖足够数量的样洞和样沟，摸清地下管线分布情况，以确定电缆敷设位置及确保不损坏运行电缆和其他地下管线。

（2）为防止损伤运行电缆或其他地下管线设施，在城市道路红线范围内不应使用大型器械来开挖沟槽，硬路面面层破碎可使用小型机械设备，但应加强监护，不得深入土层。若要使用大型机械设备时，应履行相应的报批手续。

（3）沟槽开挖深度达到1.5m以上时，应采取措施防止土层塌方。

（4）掘路施工应制订相应的交通组织方案，做好防止交通事故的安全措施。施工区域应用标准路栏等严格分隔，并有明显标记，夜间施工人员应佩戴反光标志，施工地点应加挂警示灯，以防行人或车辆误入。

（5）沟槽开挖时，应将路面铺设材料和泥土分别堆置，堆置处和沟槽应保留通道供施工人员正常行走。在堆置物堆起的斜坡上不得放置工具材料的器物，以免滑入沟槽损伤事故人员或电缆。

（6）挖掘电缆工作，应由有经验人员交代清楚后才能进行。挖到电缆保护板后，应由有经验的人员在场指导，方可继续工作。

（7）挖掘出的电缆或接头盒，如下面需要挖空时，必须将其悬吊保护，悬吊电缆应每隔1.0~1.5m吊一道。悬吊接头盒应平放，不得使接头受到拉力。若电缆接头无保护盒，则应在该接头下垫上加宽加长木板，方可悬吊。电缆悬吊时，不得用铁丝或钢丝等，以免损伤电缆护层或绝缘。

（8）敷设电缆时，应有专人统一指挥。电缆走动时，严禁用手扳动滑轮，以防压伤。

（9）移动电缆接头一般应停电进行。如必须带电移动时，应先调查该电缆的历史记录，由敷设电缆有经验的人员，在专人统一指挥下，平正移动，防止绝缘损伤或爆炸。

（10）电缆开断前，必须与电缆图纸和现场核对无误，并使用专用仪器确认电缆无电，可靠接地后，方可工作。如用接地的带绝缘柄的铁钎钉入电缆芯，扶绝缘柄的人应戴绝缘手套并站在绝缘垫上。

（11）开启电缆井井盖、电缆沟盖板及电缆隧道入孔盖时应使用专用工具，并放置在安全位置，以免滑脱后伤人。开启后应设置围栏，并有专人看守。工作人员撤离电缆井或隧道后，应立即将井盖盖好，防止人员摔伤或掉入井内。

（12）电缆井、电缆隧道应有充足的照明，照明电源应采取 36V 的安全电压，并有防火、防水、通风的措施。进入电缆井、电缆隧道前，应先用吹风机排除浊气，再用气体检测仪检查井内或隧道内的易燃易爆及有毒有害气体的含量是否超标，并做好记录。在电缆井内工作，应戴安全帽，并做好防止高空落物等措施，电缆井口应有专人看护。在电缆井、隧道内工作时，通风设备应保持常开，以保证空气流通。

（13）充油电缆施工应做好电缆油的收集工作，对散落在地面上的电缆油要立即覆上黄沙或砂土，及时清除，以防行人滑跌。

（14）在 10kV 跌落熔断器与 10kV 电缆头之间，宜加装过渡连接装置，使工作时能与熔断器上桩头带电部分保持安全距离。在 10kV 跌落熔断器上桩头有电的情况下，不得在熔断器下桩头新装、调换电缆尾线或吊装、搭接电缆终端头。如必须进行上述工作，则应采用专用绝缘隔离罩，在下桩头加装接地线。工作人员站在低位，伸手不得超过熔断器下桩头，并设专人监护。

雨天禁止进行以上工作。上述加绝缘罩的工作应使用绝缘工具。

（15）水底电缆提起放在船上工作时，应使船体保持平衡。船上应具备足够的救生圈，工作人员应穿救生衣。

（16）制作环氧树脂电缆头和调配环氧树脂工作过程中，应采取有效的防毒和防火措施。

（17）电缆施工完成后应将穿越的孔洞进行封堵，达到防水或防火的要求。

（18）改、扩建项目的电缆施工，应按照上述规定执行。

4. 电力电缆试验安全措施

（1）电力电缆试验要拆除接地线时，应征得工作许可人的许可（根据调度员指令装设的接地线，应征得调度员的许可），方可进行。工作完毕后立即恢复。

（2）电缆耐压试验前，加压端应做好安全措施，防止人员误入试验场所，另一端应挂上警示牌。如另一端是上电杆的或是锯断电缆处，应派人看守。

（3）电缆试验前后以及更换试验引线时，应对被试电缆（或试验设备）充分放电。作业人员应戴好绝缘手套。

（4）电缆耐压试验分相进行时，电缆另两项应短路接地。

（5）电缆试验结束，应对被试电缆进行充分放电，并在被试电缆上加装临时接电线，待电缆尾线接通后方可拆除。

5. 电缆敷设安全

（1）参加施工的所有人员必须按照安全要求穿戴劳动保护用品。

（2）敷设电缆工程应专设现场指挥一名，对电缆敷设进行统一指挥及调度。参加电缆敷设的施工人员，应听从现场指挥的调度指挥，

各就各位，作业期间不能擅自离开岗位。

（3）敷设电缆时，应设安全监护人一名，具体负责电缆敷设全过程的安全工作。安全监护人应认真负责，及时发现安全隐患，并予以排除及纠正。对拒不听从指挥、违规操作的人员应给予警告及制止，避免安全事故的发生，确保电缆敷设作业安全顺利地进行。

（4）敷设电缆的作业现场，应无影响作业的障碍物，与其他专业交叉作业时应戴好安全帽。在高空电缆桥架上作业时，应穿防滑鞋，并系好安全带，避免高空坠落。

（5）敷设电缆时，严禁打闹嬉笑，并决不允许醉酒上岗。

（6）地面人员应避开高空作业面，防止物品砸伤。

（7）架设电缆盘的地面必须平实，支架必须采用有底平面的专用支架，不得用千斤顶代替。

（8）采用撬杠撬动电缆盘的边框敷设电缆时，不要用力过猛；不要将身体伏在撬棍上面，并应采取措施防止撬棍脱落、折断。

（9）人力拉电缆时，用力要均匀，速度要平稳，不可猛拉猛跑，看护人员不可站于电缆盘的前方。

（10）施放电缆时，不得在易坍塌的沟边 0.5m 以内行走。在墙洞、沟口、管口及隔层等处施放电缆时，人员应距洞口处 1m 以上。

（11）人力施放电缆时，每人所承担的重量不得超过 35kg。所有人员均应站在电缆的同一侧，在拐弯处应站在其外侧，切不可站在电缆弯曲度的内侧，以防挤伤事故发生。往地下放电缆时，应按先后顺序轻轻放下，不得乱放。

（12）敷设电缆时，电缆过管处的人员必须做到：接迎电缆时，施工人员的眼及身体的位置不可直对管口，防止挫伤。

（13）拆除电缆盘木包装时，应随时拆除随时整理，防止钉子扎脚或损伤电缆。

（14）人工滚动运输电缆盘时要做到：① 推盘的人员不得站在电缆盘的前方，两侧人员站位不得超过电缆盘轴心，防止压伤事故发生。② 电缆盘上下坡时，可采用在电缆盘中心孔穿钢管，在钢管上拴绳拉放的方法，但必须放平稳，缓慢进行。为防止电缆滚坡，中途停顿时，要及时在电缆盘底面与地坪之间加楔制动。人力滚动电缆盘时，路面的坡度不宜超过 15°。

（15）小型电缆盘可搬抬转弯，不允许采取在地面上用物体阻止电缆盘一侧前进的方法转弯。

（16）坠落高度在 2m（包括 2m）以上的高处作业必须系安全带，下面设有安全监护人员，防止坠落物件伤人，并注意发生突发性不安全因素；高处作业人员随身携带的工具袋应绑扎好，不得任其倾斜倒出物件。与地面人员上下传送物件，小件应放入工具袋内提升或放下，大件用绳索绑扎时应防止滑脱。

（17）高空采用活动脚手架一层（不含一层）以上需双拼，禁止单拼，脚手架上层要有防护栏杆及防护网，横向要固定以剪刀撑，并在面向地面采用斜杆撑，使它牢固、可靠。在洞口边施工时，移动式脚手架宽边不能平行洞口，应窄边平行于洞口施工。

（18）禁止采用人字梯在洞口、楼梯边施工作业，楼层内用人字

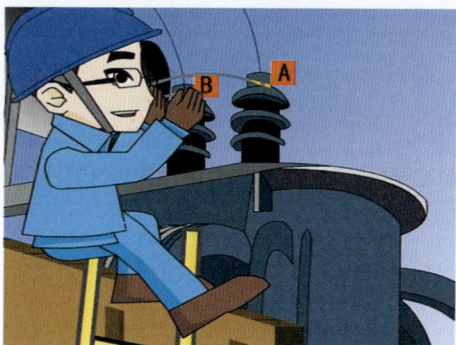

梯施工不能超过人字梯本身负荷以外的重量。在洞口处上下层交叉同时操作时，上层施工与下层施工必须有一定的安全距离，上下两层间必须设有安全可靠的防护板或者其他隔离措施。

（19）用电施工前，先检查用电箱是否符合安全用电、符合一机一闸一保险，电钻、切割机电源线接头是否完好，有无破皮、断电、短路等现象，否则禁止使用。打眼时穿戴好防护眼镜、绝缘鞋、电焊手套，戴好安全帽，高处操作应系好安全带，用人字梯应有防滑措施。施工班组应设安全监护人，否则禁止上岗操作。以上请班组各人员自觉遵守。

三、工器具使用

1. 安全工器具

（1）安全工器具种类。

1）电气安全工器具：接地线、绝缘手套、绝缘鞋（靴）、绝缘夹钳、高压感应静电验电器等。

2）登高作业安全工器具：金属梯、软梯、升降梯、高凳、安全带、安全绳、安全网、减速器、脚扣、登高板等。

3）起重安全工器具：卷扬机、手拉链条葫芦、千斤顶、滑轮及棕绳等。

4）机械和化学防护用品：防护眼镜、防毒面具、防护服、耐酸手套、耐酸围裙及耐酸靴等。

5）个人安全防护用品：安全帽、安全带、安全绳、静电报警器、便携式接地线、速差防坠器、升降板、脚扣等。

6）固定式电动工具：铣床、锐床等。

7）手持式电动工具：手持电钻、冲击电钻、电锤、电磁座钻、电动扳手、电剪、电刨、电动磨光机、电动磨头、手持砂轮、角向砂轮、电动往复锯、电动割刀、电烙铁、行灯（手持照明电灯）和行灯变压器、移动式碘钨灯架、多功能电源线盘、电动吹尘器及电吹风等。

（2）安全工器具的购置、领用与报废程序。

1）安全工器具的购置计划由使用部门提出，安监部审核，经主管厂领导审批后实施。安全工器具的采购由物资供应部门负责，使用部门和物资供应部门负责到货后的验收，验收不合格的产品责成采购部门退货。

2）安全工器具的购置计划、审批程序统一使用电厂信息管理系统物资管理软件程序。

3）物资采购部门必须采购经国家有关部门认可，符合国家或行业标准，并有安全许可证和附有检验合格证、使用说明书、制造厂名、绝缘等级等资料的合格产品，严禁采购不合格产品。

4）安全用具的数量由安监部各部门根据有关安全规定定额配置，电动工具的数量根据班组的实际工作需要由班组提出，经物资审批同意后配置。

5）安全工器具的领用必须符合规定的程序。具体程序是：设备到货—物供站通知使用部门—使用部门领取—交检验部门检验合格—部门建档—上报安监部备案—使用。

6）定期检验不合格的安全工器具，检验部门应给出处理意见（修理、报废），经过修理的安全工器具，经复检合格后，方能使用；报废的及时办理报废手续，同时在档案上做报废说明。

（3）安全工器具的台账、号码牌和设备卡。

1）各部门、班组应按统一的格式建立安全工器具管理台账，按规定填写工器具的名称、型号、编号、技术规范、制造厂家和安全许可证号、出厂日期、检验日期、下次检验日期、试验结果、合格证号、检验人员、处理意见等。

2）各部门与各班组建立的安全工器具台账在格式和内容上必须随时保持一致。在发生设备的增减、更新、检验后各使用部门应报安监部备案。

3）安全工器具必须贴有牢固的号码牌。

4）安全工器具的摆放地点必须悬挂标识设备的设备卡。

5）号码牌和设备卡由使用部门统一设计，各部门、班组依样制作。

（4）安全工器具的保管及检验。

1）除个人长期使用的安全工器具由个人保管外，班组使用的安全工器具，由使用班组保管，使用部门和班组安全员负责检查工作。

2）安全工器具不准私人借用，部门或班组间相互借用时，必须经部门或班组长同意并办理书面借用手续。

3）运行部公用安全工器具由部门安全员管理，运行各值交接班时应作检查。

4）电气绝缘工器具应按使用说明书的要求存放在干燥通风的室内场所，严禁叠放。

5）在潮湿和温度变化频繁或条件恶劣的地方应相应缩短工器具的检查周期。在梅雨季节前对工器具应及时进行检查。

6）手持式电动工具、移动式电动机具必须室内存放，存放在工具架、橱柜、箱、袋等适当位置，并对号入座分类存放保管，室内应干燥、通风。

7）对不合格的或无合格证的工器具不准使用。该报废的，及时办理报废手续；报废的工器具由资产管理部门及时进行处理，防止长时间存放班组；临时存放班组的必须与合格的工器具分开存放，防止误用。

8）电气安全工器具必须放在室内固定地点，实物应与设备卡一一对应。

9）放置于同一间隔的安全工器具，应按设备类别分类造册后，将打印件贴于明显可见的位置。打印件以表格形式体现设备名称、型号、编号、制造厂家、上次检验日期、下次检验日期、合格证号、检验人员等信息。

10）工器具的检验合格证应明示于设备器身的明显位置，并在工器具清册中登记、管理。

11）安全工器具应按《电力安全工作规程》中的规定进行定期检验，手持电动工器具每6个月须由电气试验单位进行定期检查；电动工具在借出或收回时，保管人员必须进行例行检查；未经专门校验检查的电动工具、超周期的工具均不准使用。使用中发生故障，须立即找电气人员修理。对运行中的漏电保护器应进行定期检查，每月至少检查一次，并做好检查记录。

12）定期检验工作应由具有相应资格的单位进行。

13）检验合格的大型器具的合格证按设备类别集中保管，并将复印件贴于设备器身。手持电动工器具应将校验合格证贴于器具的明显位置。合格证应注明允许使用的期限，并由检验人签名。定期检验工作如由本厂进行，应编制检验台账，填写工器具的所属班组或部门、名称、型号、编号、检验日期、检验项目与结果，由检验人签名。所有检验记录应在工器具台账中及时更新、维护。

14）高处作业用安全带必须符合 GB 6095《安全带》的规定；脚手架用组件（木杆、竹竿、金属管、木板、脚手架专用接头等）必须符合集团《电力安全作业规程（热机部分）》第 12.2.2 条、第 12.2.18 条的规定，并放置在固定地点，由专人负责维护、检查；安全网应符合 GB 5725—1985《安全网》标准，并妥为保管，防止霉变；生产用梯子必须符合 GB 7059.1—1986《移动式木直梯安全标准》、GB 7059.2—1986《移动式木折梯安全标准》、GB 7059.3—1986《移动式轻金属折梯安全标准》、GB 12142—1989《两节轻金属拉伸梯安全标准》的规定。

15）安全工器具的检验、维护工作由所拥有的部门、班组安全员负责组织、协调，安监部监督。

（5）安全工器具的检查和维护。

1）安全工器具在使用前，必须进行检查。

2）安全工器具如有损坏，应及时上报安全监察部门，定期检验、日常检查不合格的，班组征得检验部门同意后，协调修理事宜或办理报废手续，严禁继续使用。

3）安全工器具的维修必须由具有相应维修资质的部门或单位进行。

4）安全工器具使用部门和维修单位不得任意更改工器具的原设计参数，不得采用低于原用材料性能的代用材料和与原有规格不符的零部件。

5）修理后的安全工器具经复检合格，方可使用。如确实无法修复或修复后仍不能达到应有的安全技术指标要求的，必须办理报废手续。

（6）安全工具器的使用规定。

安全工器具在使用前，使用者应认真学习产品使用说明书，使用中严格遵守安全操作规程，严格执行集团公司《电力安全作业规程》中的有关规定。严禁使用不合格或超过试验周期的安全工器具。安全带、梯子、起重安全工器具、机械和化学防护用品的使用参考相应管理规定。

电气安全工器具的使用内容如下：

1）绝缘手套：在使用绝缘手套时，不得与酸、碱、油品、化学药品接触，戴绝缘手套时不准触摸尖硬、带水等物件。对设备进行验电、电气操作，电气试验，装、拆地线等必须戴绝缘手套。使用绝缘手套时应将上衣袖口套入手套筒口内。

2）绝缘靴鞋：在使用绝缘靴时，应将裤管套入靴筒内，并要避免接触尖锐的物体，避免接触高温或腐蚀性物质。禁止绝缘靴移作他用（如当雨靴使用），更不能将耐油靴、耐碱靴、雨靴作为绝缘靴使用。绝缘靴每次使用前必须进行外观检查，有破损严禁使用。雷雨天气或系统有接地，巡视室外高压设备时必须穿绝缘靴。雷雨天气即便穿绝缘靴也不准靠近避雷针和避雷器。

3）接地线：接地线使用前，应进行外观检查，如发现绞线松股、断股，护套严重破损、夹具断裂、松动等不得使用。在装设接地线时，人体不得碰触接地线或未接地的导线，以防止感应电触电。装设接地线时，必须先装设接地线接地端。验电证实无电后，应立即接导体端，并保证接触良好。拆接地线的顺序与此相反。接地线严禁用缠绕的方法进行连接。

4）行灯变压器输出电压为安全电压。一般的降压变压器即使输出电压与行灯电压相符合，也不能当作行灯变压器使用。

手持式电动工具、移动式电动机具的使用内容如下：

1）手持式电动工具、移动工具的临时接线应安装符合规范要求的漏电保护器，应做到一机一闸一保护。

2）电动工具使用前应进行检查，检查内容至少应包括以下项目：① 保持电动工具清洁，电线完好，外壳、手柄无裂缝和破损；② 连接部分可靠紧固，无锈蚀、断裂或缺损；③ 无机械损伤、变形、老化、碳化等现象；④ 保护接地或接零线正确、牢固可靠，符合设备的电压等级；⑤ 软电缆和软线（电源线）完好无损；⑥ 电源开关动作正常、灵活，无缺陷、破损；⑦ 电气保护装置和机械防护装置完好；⑧ 插头完整无损，严禁以裸露线当插头使用；⑨ 工器具转动部分转动灵活、轻快，无障碍；⑩ 安装漏电保护器，动作正常；若手持、移动式电动工具装有的漏电保护器损坏时，禁止将漏电保护器线路短接或拆除后继续使用；⑪ 进行定期检验和在有效期内使用。

3）手持式电动工器具应根据不同的工作场所，合理使用。① 在一般场所，为保证使用者的安全，宜选用Ⅱ类电动工具。如使用Ⅰ类电器工器具，必须采用其他安全保护措施，如装漏电动作电流不大于30mA、动作时间不大于0.1s的漏电保护器，或1∶1安全隔离变压器等。使用者应戴绝缘手套、穿绝缘鞋或站在绝缘垫工作。② 进入金属容器或受限空间作业，必须使用24V以下的电动工具，否则宜选用Ⅲ类工具，如果使用Ⅱ类工具，必须装设额定漏电动作电流不大于15mA、动作时间不大于0.1s的漏电保护电器，且应设专人在外不间断地监护。电源连接器和控制箱等应放在容器外面或装设在狭窄场所外面。电动工具的开关应设在监护人伸手可及的地方。③ 在特殊环境如湿热、雨雪以及存在爆炸性或腐蚀性气体的场所，使用的电动工器具还必须符合相应的保护等级和安全技术要求。

4）现场使用电动工具，应有防止电线擦损的措施。若电气绝缘部分经修理后，必须按规定重新经过检验，确认检验合格后方可使用。

5）手持式电动工具的负荷线必须采用耐气候型的橡皮护套铜芯软电缆，并不得有接头，禁止使用塑料花线。

6）电气工具的电线不准接触热体，不能放在湿地上，过通道时必须采取架空或套管等其他保护措施，并避免载重车辆和重物压在电线上。

7）不熟悉电动工具和使用方法的员工不准擅自使用。

8）使用电动工具时，不准提着电动工具的导线或转动部分。在梯子上使用电动工具，应做好防止感电坠落的安全措施。在使用电动工具工作中，因故离开工作现场或暂时停止工作以及遇到临时停电时，须立即切断电源。

行灯使用安全要求内容如下：

1）行灯电压不准超过 36V。在特别潮湿或周围均属金属导体的地方工作时，如在锅筒、凝汽器、加热器、蒸发器、除氧器以及其他金属容器或水箱等内部，行灯的电压不准超过 12V；禁止使用明火照明。

2）行灯电源应由携带式或固定式的降压变压器供给，变压器不准放在锅筒、燃烧室及凝汽器等的内部。

3）携带式行灯变压器的高压侧应带插头，低压侧带插座，并采用两种不能互相插入的插头。

4）行灯变压器的外壳须有良好的接地线，高压侧宜使用三线插头。

手电钻、冲击钻、电锤使用安全要求内容如下：

1）塑料外壳应防止碰、磕、砸，严禁与汽油及其他溶剂接触；

2）使用过程中突然停止转动时，必须立即切断电源。严禁借用外力加压；

3）安装钻头时，必须断开电源，不得用锤子或其他金属制品物件敲击；

4）手持电动工具时，必须握持工具的手柄。移动工具时，严禁手提软导线或工具的转动部分；

5）较小的工件在被钻孔前必须先固定牢固；

6）作业孔径在 25mm 以上时，应有稳固的作业平台，周围应设护栏。

射钉枪使用安全要求内容如下：

1）严禁用手掌推压钉管和将枪口对准人；

2）击发时，应将射钉枪垂直压紧在工作面上，当两次扣动扳机均未击发时，应保持原射击位置数秒钟后，再切断射钉枪击动力，并取出射钉；

3）在更换零件前和停止使用时，必须切断射钉枪击动力，并取出射钉。

高压清洗机使用安全要求内容如下：

1）应注意高压水枪的反冲，加、减压过程中应缓慢进行，不得突然加、减压，工作人员要有固定的立足点；

2）严禁把高压水枪对准人或电气装置；

3）高压软管不应扭结、挤压和强行拖拉。

便携式打磨机和切割机使用要求内容如下：

1）软性材料（铝、黄铜、紫铜等），不能使用通用型的切割、打磨片；

2）角头或垂直式打磨机应安装保护罩，保护罩的覆盖角度不得小于 180°，使用时应将保护罩放置于砂轮与操作者之间，切勿将头部暴露在磨屑飞溅范围内。

2. 机具

（1）机械设备现场使用安全规定：

1）机械设备只限于熟悉使用方法的人员使用，操作人员必须经过相关知识的培训。驾驶特种设备车辆的驾驶者必须持有相应的机动车驾驶证。

2）使用机械设备进行施工作业时，必须指定专门的安全负责人，由负责人检查保证现场施工人员及设备安全的组织措施和技术措施的落实，并监督机械操作人员按规定的操作规程操作。

3）安全负责人有权决定工作现场是否需要使用机械设备进行施工的必要。

4）施工现场不具有保证机械设备安全施工的条件时，严禁使用机械设备施工。

5）安全负责人必须向指挥、操作人员交代施工现场采取的保证安全施工的组织措施及技术措施，并交代注意事项。有条件的必须在施工现场适当位置放置醒目的安全标识及相关安全注意事项。

6）机械设备操作人员必须严格遵守机械设备安全操作规程，并具备一定的事故应急处理能力。对违章指挥、违章作业或工作条件危及机械设备或人身安全的，操作人员有权拒绝操作，现场指挥人员和机械管理人员有权制止使用。

7）严禁使用检验不合格或检验虽合格但属于国家强制淘汰的机械设备。

8）在施工生产中使用的机械设备，应保持技术性能良好，运转正常，安全装置灵敏、可靠。对失修、失保或"带病"的机械设备严禁投入使用。

9）各机械设备应在适当位置（如司机室、操作室）贴有保证人员及设备安全的保障措施，如安全注意事项和安全操作规程。电厂安全监察部门、机械设备所属部门及使用部门必须加强对操作人员的正常操作，对机械设备的安全使用进行监督。

10）机械设备管辖部门要建立、健全机械设备操作、使用、保养规程和管理制度。主要机械设备要严格执行定人、定机、定岗位的责任制。所有机械设备都必须有专人负责。多班作业时，必须执行交接班制度。

11）机械设备应挂有醒目的工作荷重标志牌，严禁超载运行。

（2）各类液压工具。

1）电厂使用的液压工具有：液压拔盘器、液压弯管机、液压拉顶多用机、小型液压装载机、液压扳手、液压拉马、液压升降机、液压千斤顶、液压联合冲剪机。

2）液压工具只限于熟悉使用方法的人员使用，操作人员必须经过相关知识的培训。

3）液压工具操作人员必须严格遵守液压工具安全操作规程，并具备一定的事故应急处理能力。

4）液压工具所属部门必须针对具体的设备制定相应的安全操作规程和安全注意事项，并督促使用人员严格遵守执行。

5）对违章指挥、违章作业或工作条件危及设备或人身安全的，操作人员有权拒绝操作。

6）严禁使用检验不合格或检验合格但属于国家强制淘汰的液压工具。

7）液压工具必须指定专人管理，管理人对工具的使用情况，设备良好状况，检修维护情况负责。

8）液压工具必须保持技术性能良好,运转正常,无漏油、漏气现象,本体无裂缝、折痕;安全装置动作灵敏、可靠,锁定结实、牢固。对失修、失保或"带病"的液压工具严禁投入使用。

9）液压工具所属部门要建立、健全液压工具操作、使用、保养等方面的相关规程和制度。

10）使用部门必须建立液压工具使用登记管理制度，多班作业时还必须执行交接班制度。

11）使用人员应根据实际负载情况，正确选择相应的液压工具进行工作。

12）液压工具应在适当位置标有醒目的工作荷重标志，严禁超载使用。

（3）电焊机。

1）电厂使用的焊机种类有：交流电焊机、直流电焊机、氩弧焊机三种。

2）电焊机的使用：① 禁止使用检验不合格或超过检验有效期的焊接工具和设备。② 不经常使用的电焊机，使用前应摇测绝缘电阻，阻值应大于1Ω。③ 电焊机必须通过试焊正常方可正式投入使用。④ 电焊机必须由取得焊工合格证书的人员使用，使用人员持证上岗；焊工不得担任超越其合格项目的焊接工作。⑤ 焊工必须熟练掌握各种焊机的使用方法、技术规范、电气保护方式、安全保障措施等。

3）电焊机的定检、维修与报废：① 电焊机必须按期进行检验，严禁超期使用。② 电焊机的检验必须委托有检验资格的单位进行，检验过的设备必须有检验部门提供的检验项目和检验结果，安全检查部门及使用部门应妥善保管检验部门出示的检验报告。③ 检验不合格的设备委托有维修资格的单位进行维修，严禁自行修理。④ 电焊机的检验、修理由使用部门负责联系并按规定时间送检，安全监察部门负责监督。⑤ 经修理仍不合格的设备作报废处理，报废的设备应贴有报废标签，注明"报废"字样，报废的设备应及时移交物资部门处理，禁止使用部门储存。⑥ 使用部门应将检验结果、报废情况等及时报安全监察室，同时修改部门设备台账。

3. 带电作业工具的试验

（1）带电作业工具应定期进行电气试验及机械试验，其试验周期为：

电气试验：预防性试验每年一次，检查性试验每年一次，两次试验间隔半年。

机械试验：绝缘工具每年一次，金属工具两年一次。

（2）绝缘工具电气预防性试验项目及标准见表 3-4。

表 3-4　绝缘工具电气预防性试验项目及标准

额定电压（kV）	试验长度（m）	1min 工频耐压（kV）		3 分钟工频耐压（kV）		15 次操作冲击耐压（kV）	
		出厂及型式试验	预防性试验	出厂及型式试验	预防性试验	出厂及型式试验	预防性试验
10	0.4	100	45	—	—	—	—
35	0.6	150	95	—	—	—	—
63（66）	0.7	175	175	—	—	—	—
110	1.0	250	220	—	—	—	—
220	1.8	450	440	—	—	—	—
330	2.8	—	—	420	380	900	800
500	3.7	—	—	640	580	1175	1050
750	4.7	—	—		780		1300

（3）绝缘工具的检查性试验条件：将绝缘工具分成若干段进行工频耐压试验，每 300mm 耐压 75kV，时间为 1min，以无击穿、闪络及过热为合格。

（4）带电作业高架绝缘斗臂车电气试验依据相关标准。

（5）组合绝缘的水冲洗工具应在工作状态下进行电气试验。除按表 3-4 的项目和标准试验外（指 220kV 及以下电压等级），还应增加工频泄漏试验，试验电压见表 3-5。泄漏电流以不超过 1mm 为合格，试验时间 5min。

试验时的水电阻率为 1500Ω·cm（适用于 220kV 及以下的电压等级）。

表 3-5　组合绝缘的水冲洗工具工频泄漏试验电压值

额定电压（kV）	10	35	63（66）	110	220
试验电压（kV）	15	46	80	110	220

（6）屏蔽服衣裤任意两端点之间的电阻值均不得大于 20Ω。

（7）带电作业工具的机械试验标准：

1）在工作负荷状态承担各类线夹和连接金具荷重时，应按有关金具标准进行试验；

2）在工作负荷状态承担其他静荷载时，应根据设计荷载，按 DL/T 875—2004《输电线路施工机具设计、试验基本要求》的规定进行试验；

3）在工作负荷状态承担人员操作荷载时：

静荷重试验：2.5 倍允许工作负荷下持续 5min，工具无变形及损伤者为合格。

动荷重试验：1.5 倍允许工作负荷下实际操作 3 次，工具灵活、轻便，无卡住现象者为合格。

四、电焊和气焊

1. 一般安全工作要求

（1）只有受过专门训练并取得特种作业操作证的人员方可进行焊接工作。焊接锅炉承压部件、管道及承压容器等设备的焊工，必须按照 DL/T 679《焊工技术考核规程》或《锅炉压力容器压力管道焊工考试与管理规则》的要求，经过基本考试和补充考试合格，并持有合格证，方可允许工作。

（2）焊工应戴工作帽、穿工作鞋、穿全棉帆布工作服、戴手套。工作服上衣不应扎在裤子里，口袋应有遮盖，裤长至少应罩住鞋舌与鞋帮，必要时应配备鞋罩。工作服上不应有破损、孔洞和缝隙，领口、袖口处应严格闭合，防止飞溅的熔融金属或火花从接合部位进入，以免在仰焊、仰割时被灼伤。

在自然通风较差的场所或受限环境进行焊接作业时，应安装固定或移动式的机械通风设备，在粉尘和有害烟气无法降至允许限值时必须戴防尘（电焊尘）口罩，必要时应使用呼吸保护装置。

（3）禁止使用有缺陷的焊接工具和设备。

（4）不准在带有压力（液体压力或气体压力）的设备上或带电的设备上进行焊接。在特殊情况下需在带压和带电的设备上进行焊接时，必须采取安全措施，并经主管生产的副厂长（或总工程师）批准。对承重构架进行焊接，必须经过有关技术部门的许可。

（5）禁止在装有易燃物品的容器上或在油漆未干的结构或其他物体上进行焊接。

（6）禁止在储有易燃易爆物品的房间内进行焊接。在易燃易爆材料附近进行焊接时，其最小水平距离不得小于5m，并根据现场情况，采取安全可靠措施（用围屏或石棉布遮盖）。

（7）对于存有残余油脂或可燃液体的容器，必须打开盖子，清理干净；对存有残余易燃易燃物品的容器，应先用水蒸气吹洗，或用热碱水冲洗干净，并将其盖口打开。对上述容器所有连接的管道必须可靠隔绝并加装堵板后，方准许焊接。

（8）在风力超过五级时禁止露天进行焊接或气割。但风力在五级以下三级以上进行露天焊接或气割时，必须搭设挡风屏以防火星飞溅引起火灾。

（9）下雨雪时，不可露天进行焊接或切割工作。如必须进行焊接时，应采取防雨雪的措施。

（10）在可能引起火灾的场所附近进行焊接工作时，必须备有必要的消防器材。

（11）进行焊接工作时，必须设有防止金属熔渣飞溅、掉落引起火灾的措施以及防止烫伤、触电、爆炸等措施。焊接人员离开现场前，必须进行检查，现场应无火种留下。

（12）在高空进行焊接工作，必须遵照本规程第十五章高处作业的有关规定。

（13）在梯子上只能进行短时不繁重的焊接工作，并遵守本部分"12 高处作业"的规定。禁止登在梯子的最高梯阶上进行焊接工作。

（14）在锅炉锅筒、凝汽器、油箱、油槽以及其他金属容器内进行焊接工作，应有下列防止触电的措施：

1）电焊时焊工应避免与铁件接触，应站立在橡胶绝缘垫上或穿橡胶绝缘鞋，应穿干燥的工作服；

2）容器外面应设有可看见和听见焊工工作的监护人，并应设有开关，以便根据焊工的信号切断电源；

3）容器内使用的行灯，电压不准超过 12V。行灯变压器的外壳应可靠地接地，不准使用自耦变压器；

4）行灯用的变压器及电焊变压器不应带入锅炉及金属容器内。

（15）在密闭容器内，不准同时进行电焊及气焊工作。

（16）在坑井或深沟内进行焊接，应遵守本规程 7.5 的有关规定。

（17）气焊与电焊不应上下交叉作业。

（18）射线检验工作应事先告知，无关人员不准靠近正在进行射线检验的工作场所、不准进入安全警戒区域。

（19）电焊机动力电源线路的安装、维修或拆除应由电工完成，电焊机终端开关及电焊机启、停工作应由具备资质的使用人员进行操作。

2. 电焊安全

（1）在室内或露天进行电焊工作；必要时应在周围设挡光屏，防止弧光伤害周围人员的眼睛。

（2）在潮湿地方进行电焊工作，焊工必须站在干燥的木板上，或穿橡胶绝缘鞋。

（3）固定或移动的电焊机（电动发电机或电焊变压器）的外壳以及工作台，必须有良好的接地。焊机应采用空载自动断电装置等防止触电的安全措施。

（4）电焊工作所用的导线，必须使用绝缘良好的皮线并尽量不带连接接头。如需要接长导线时，则接头应连接牢固、绝缘良好。连接到电焊钳上的一端，至少有 5m 为绝缘软导线。

（5）电焊机必须装有独立的专用电源开关，其容量应符合要求。焊机超负荷时，应能自动切断电源，禁止多台焊机共用一个电源开关。

（6）禁止用连接建筑物金属构架和设备等作为焊接电源回路。

（7）严禁使用氧气、乙炔和氢气管道等易燃易爆气体管道作为接地装置的自然接地极，以防由于产生电阻热或引弧时冲击电流的作用，产生火花而引爆。构成焊接回路的电缆禁止搭在气瓶等易燃品上，禁止与油脂等易燃物质接触，禁止借助承重链、钢丝绳、起重机、卷扬机或升降机不得用来传输焊接电流。

（8）电焊设备的装设、检查和修理工作，必须在切断电源后进行。

（9）电焊钳必须符合下列基本要求：

1）应牢固地夹住焊条；

2）焊条和电焊钳的接触良好；

3）更换焊条必须便利；

4）握柄必须用绝缘耐热材料制成。

（10）电焊机的裸露导电部分和转动部分以及冷却用的风扇，均应装有保护罩。

（11）电焊工应备有下列防护用具：

1）镶有滤光镜的手把面罩或套头面罩，护目镜片；

2）电焊手套，工作服；

3）橡胶绝缘鞋；

4）清除焊渣用的白光眼镜（防护镜）。

（12）电焊工所坐的椅子，须用木材或其他绝缘材料制成。

（13）电焊工在合上电焊机刀闸开关前，应先检查电焊设备，如电动机外壳的接地线是否良好，电焊机的引出线是否有绝缘损伤、短路或接触不良等现象。

（14）电焊工在合上或拉开电源刀闸时，应戴干燥的手套，另一只手不得按在电焊机的外壳上。

（15）电焊工更换焊条时，必须戴电焊手套，以防触电。

（16）清理焊渣时必须戴上白光眼镜，并避免对着人的方向敲打焊渣。

（17）在起吊部件过程中，严禁边吊边焊的工作方法。只有在摘除钢丝绳后，方可进行焊接。

（18）不准将带电的绝缘电线搭在身上或踏在脚下。电焊导线经过通道时，应采取防护措施，防止外力损坏。

（19）当电焊设备正在通电时，不准触摸导电部分。

（20）电焊工离开工作场所时，必须把电源切断。

（21）禁止在带压设备和重要设备上引弧。

3. 气焊安全

（1）储存气瓶的仓库应具有耐火性能；门窗应向外开，装配的玻璃应用毛玻璃或涂以白色油漆；地面应该平坦不滑，砸击时不会发生火花。

（2）容积较小的仓库（储存量在 50 个气瓶以下）与其他建筑物的距离应不少于 25m；较大的仓库与施工及生产地点的距离应不少于 50m；与住宅和办公楼的距离应不少于 100m。

（3）储存气瓶仓库周围 10m 距离以内，不准堆置可燃物品，不准进行锻造、焊接等明火工作，并禁止吸烟。

（4）仓库内应设架子，使气瓶垂直立放，空的气瓶可以平放堆叠，但每一层都应垫有木制或金属制的型板，堆叠高度不准超过 1.5m。

（5）装有氧气的气瓶不准与乙炔气瓶或其他可燃气体的气瓶储存于同一仓库。

（6）储存气瓶的仓库内不准有取暖设备。

（7）储存气瓶的仓库内，必须备有消防用具，并应采用防爆的照明，室内通风应良好。

（8）气瓶的搬运应遵守下列规定：

1）气瓶搬运应使用专门的抬架或手推车。每一气瓶上必须套以厚度不少于 25mm 的防震胶圈两个，以免运输气瓶时互相撞击和震动。

2）运输气瓶时应安放在特制半圆形的承窝木架内；如没有承窝木架时，可以在每一气瓶上套以厚度不少于 25mm 的绳圈或橡皮圈两个，以免互相撞击。

3）全部气瓶的气门都应朝向一面。

4）用汽车运输气瓶时，气瓶不准顺车厢纵向放置，应横向放置。气瓶押运人员应坐在司机驾驶室内，不准坐在车厢内。

5）为防止气瓶在运输途中滚动，应将其可靠地固定住。

6）用敞车运输气瓶时，应用帆布遮盖或采取其他遮阳措施，以防止烈日暴晒。

7）气瓶内不论有无气体，搬运时，应将瓶颈上的保险帽和气门侧面连接头的螺帽盖盖好。

8）运送氧气瓶时，必须保证气瓶不致沾染油脂、沥青等。

9）严禁把氧气瓶及乙炔瓶放在一起运送，也不准与易燃物品或装有可燃气体的容器一起运送。禁止运送和使用没有防震胶圈和保险帽的气瓶。

（9）焊接工作结束或中断焊接工作时，应关闭氧气和乙炔气瓶、供气管路的阀门，确保气体不外漏。重新开始工作时，应再次确认没有可燃气体外漏时方可点火工作。

（10）氧气瓶和溶解乙炔气瓶的使用。

1）在连接减压器前，应将氧气瓶的输气阀门开启四分之一转，吹洗 1~2s，然后用专用的扳手安上减压器。工作人员应站在阀门连接头的侧方。

2）气瓶上的阀门或减压器气门，若发现有缺陷时，应立即停止工作，进行修理。

3）在接收气瓶时，应检查印在瓶上的试验日期及试验机构的鉴定。

4）运到现场的氧气瓶，必须验收检查。如有油脂痕迹，应立即擦拭干净；如缺少保险帽或气门上缺少封口螺丝或有其他缺陷，应在瓶上注明"注意！瓶内装满氧气"，退回供应厂商。

5）氧气瓶应涂天蓝色，用黑颜色标明"氧气"字样；溶解乙炔气瓶应涂白色，并用红色标明"乙炔"字样；氮气瓶应涂黑色，并用黄色标明"氮气"字样；二氧化碳气瓶应涂铝白色，并用黑色标明"二氧化碳"字样。其他气体的气瓶也均应按规定涂色和标字。气瓶在保管、使用中，严禁改变气瓶的涂色和标志，以防止层涂色脱落造成误充气。

6）氧气瓶内的压力降到 0.196kPa（表压），不准再使用。用过的瓶上应写明"空瓶"。

7）氧气阀门只准使用专门扳手开启，不准使用凿子、锤子开启。乙炔阀门须用特殊的键开启。

8）在工作地点，最多只许有两个氧气瓶：一个工作，另一个备用。

9）使用中的氧气瓶和溶解乙炔气瓶应垂直放置并固定起来，氧气瓶和溶解乙炔气瓶的距离不得小于 8m。

10）禁止使用没有防震胶圈和保险帽的气瓶。严禁使用没有减压器的氧气瓶和没有回火阀的溶解乙炔气瓶。

11）禁止装有气体的气瓶与电线相接触。

12）在焊接中禁止将带有油迹的衣服、手套或其他沾有油脂的工具、物品与氧气瓶软管及接头相接触。

13）安设在露天的气瓶，应用帐篷或轻便的板棚遮护，以免受到阳光曝晒。

14）严禁用氧气作为压力气源吹扫管道。

（11）减压器。

1）减压器的低压室没有压力表或压力表失效，一概不准使用。

2）将减压器安装在气瓶阀门或输气管前，应注意下列各项：① 必须选用符合气体特性的专业减压器，禁止混用或替用；② 减压器（特别是连接头和外套螺帽）不应沾有油脂，如有油脂应擦洗干净；③ 外套螺帽的螺纹应完好，帽内应有纤维质垫圈（不准用棉、麻绳、皮垫或胶垫代替）；④ 预吹阀门上的灰尘时，工作人员应站在侧面，以免被气体冲伤，其他人员不准站在吹气方向附近。

3）应先把减压器和氧气瓶连接后，再开启氧气瓶的阀门，开启阀门不准猛开，应监视压力，以免气体冲破减压器。

4）减压器冻结时应用热水或蒸汽解冻，禁止用火烤。

5）减压器如发生自动燃烧，应迅速把氧气瓶的阀门关闭。

6）减压器需要长时间停用时，须将氧气瓶的阀门关闭。工作结束时，须将减压器自气瓶上取下，由焊工保管。

7）使用于氧气瓶的减压器应涂蓝色；使用于溶解乙炔气瓶的减压器应涂白色，以免混用。

8）每个氧气减压器和乙炔减压器上只允许接一把焊炬或一把割炬。

（12）橡胶软管。

1）橡胶软管的结构、尺寸、工作压力、机械性能、颜色必须符合 GB/T 2550 的要求。橡胶软管的颜色，乙炔软管应为红色、氧气软管应为蓝色、氩气软管应为黑色、液化气与甲烷软管应为橙色。同时使用两种气体进行焊接或切割时，橡胶软管不准混用。

2）橡胶软管的长度宜大于 15m。两端的接头（一端接减压器，另一端接焊枪）必须用特制的卡子卡紧，或用软的和退火的金属绑线扎紧，以免漏气或松脱。

3）在连接橡胶软管前，应先将软管吹净，并确定管中无水后，才许使用。禁止用氧气吹乙炔气管。

4）使用的橡胶软管不准有鼓包、龟裂或漏气等现象。如发现有鼓包、龟裂、漏气等现象，不准用贴补或包缠的方法修理，应将其损坏部分切掉，用双面接头管把软管连接起来并用卡子卡紧，或用软的和退火的金属绑线扎紧。软管接头必须满足 GB/T 5107 的要求，禁止使用泄漏、烧坏、磨损、老化或有其他缺陷的软管。

5）可燃气体（乙炔）的橡胶软管如在使用中发生脱落、破裂或着火时，应首先将焊枪的火焰熄灭，然后停止供气。氧气软管着火时，应先拧松减压器上的调整螺杆或将氧气瓶的阀门关闭，停止供气。

6）通气的橡胶软管上方不宜进行动火作业，以防火灾。如有必要，应做好防护措施。

7）乙炔和氧气软管在工作中应防止沾上油脂或触及金属熔渣。禁止把乙炔及氧气软管放在高温管道和电线上，或把重的或热的物体压在软管上，不准把软管放在运输通道上，也不得与电焊用的导线敷设在一起。

（13）焊枪。

1）焊枪在点火前，应检查其连接处的严密性及其嘴子有无堵塞现象，禁止在着火的情况下疏通气焊嘴。

2）焊枪点火时，应先开氧气门，再开乙炔气门，立即点火，然后再调整火焰。熄火时与此操作相反，即先关乙炔气门，后关氧气门，以免回火。

3）由于焊嘴过热堵塞而发生回火或多次鸣爆时，应迅速先将乙炔气门关闭，再关闭氧气门，然后将焊嘴浸入冷水中。

4）焊工不准将正在燃烧中的焊枪放下；如有必要时，应先将火焰熄灭。

五、高处作业

1. 高处作业分类

高处作业高度分为 2~5m、5m 以上至 15m、15m 以上至 30m、30m 以上 4 个区段。

2. 高处作业人员资质与要求

攀登和悬空高处作业人员及搭设高处作业安全设施的人员，必须经过专业技术培训及专业考试合格，持证上岗，并必须定期进行身体检查。患有高血压、心脏病、贫血、精神病、癫痫、严重关节炎、手脚残废、饮酒或服用嗜睡、兴奋等药物的人员及其他禁忌高处作业的人员不得从事高处作业。发现工作人员精神不振时，禁止其登高作业。

3. 高处作业防护

（1）凡在离地面 1.5m 及以上的地点进行的工作，都应视作高处作业。

（2）凡能在地面上预先做好的工作，都必须在地面上进行，尽量减少高处作业。

（3）高处作业涉及动火、临时用电、进入受限空间等作业时，应执行相关安全管理规定。

（4）进行高处作业前，针对作业内容，应进行危险点识别，制定

饮酒、精神不振或经医生证明不宜登高的人，不准进行高处作业

相应的作业程序、安全防范措施和应急措施，并组织相关人员进行贯彻学习，做到参加人员人人皆知。

（5）作业负责人应向作业人员进行作业程序和安全措施的交底。项目管理部门与施工单位现场安全（监护人）负责人对高处作业的全过程实施现场全程监督。

（6）应通过消除坠落危害、坠落预防和坠落控制来实现坠落防护措施，优先选择顺序为：尽量选择在地面作业，避免因高处作业产生的坠落危险；设置固定的楼梯、护栏、屏障和限制系统，防止坠落的危害发生；使用工作平台，如脚手架或带升降的工作平台等；使用边缘限位索，以避免作业人员的身体靠近高处作业的边缘；使用坠

落保护装备，如配备全身式安全带和系索，并制定救援方案；如果以上防范措施无法实施，不得开始作业，并向作业负责人报告。

1）消除坠落危害。① 消除坠落危害最有效的措施是在工程项目设计和施工阶段通过设计尽量避免高处作业。在设计阶段设计人员应识别坠落危害，制定设计方案，尽量将日常维护和操作设备，如阀门、开关和观察仪表等设计在近地面，以达到消除坠落危害的目的。② 安全专业人员应在项目规划的早期阶段，推荐合适的坠落保护措施与设备。

2）坠落预防。① 如果在项目设计中不能达到完全消除坠落危害的目的，应通过改善工作场所来预防坠落。如设计安装永久性楼梯、护栏和平台等行进限制保护系统，以改善安全状况，建立能够保证安全的工作环境。② 应尽量避免临边作业。如在制作车间或在工作现场的地面上就在结构钢件上焊接上绳索支撑托架，或者在柱子上钻孔。避免在钢件已经架设好之后再焊接绳索支架。③ 应预先考虑锚固点和生命线的固定，当钢件在地面上时，把锚固点和生命线固定到钢柱上，以提供安全带的系挂处。④ 给高空电缆桥架作业（安装和放线）提供工作平台。电力线路作业应按现行《电力安全工作规程（电力线路部分）》的规定执行。⑤ 使用正确合适的脚手架和高空作业车来提供安全的工作平台。⑥ 脚手架的搭设应符合国家有关规程和标准的要求，搭架人员应经特殊工种培训并考核合格，持证上岗，严禁无证上岗作业。⑦ 在搭建或拆除脚手架或者在没有栏杆的脚手架上工作，高度超过 1.5m 时，必须使用安全带，或采取其他可靠的安全措施。

3）坠落控制。①如不能完全消除和预防坠落危害，应评估工作场所和工作过程，选择安装使用坠落保护设备，如安全带、自动收缩式救生索、缓冲器、抓绳器、吊笼和安全网等，以降低坠落发生后人员受伤害的程度。通过评估工作场所和作业过程，选择安装并使用最合适的装备。② 自动收缩式救生索应直接连接到安全带的背部 D 形环上，一次只能让一个人使用，严禁与缓冲系索一起使用，或者连接到它上面。③ 当在屋顶、脚手架、储罐、塔、容器、人孔等区域内或区域上作业时，应考虑使用自动收缩式救生索。在攀登垂直固定梯子、移动式梯子及升降平台等设备时，也应考虑使用自动收缩式救生索。④ 生命线应在有资质人员的指导下设计、安装和使用。水平生命线可以充当机动固定点，能够在允许水平移动的同时提供防坠落保护。⑤ 垂直生命线从一个头顶独立的锚固点上延伸出来，使用期间应该保持在垂直位置。系索通过使用抓绳器装置而固定到垂直生命线上。一根垂直生命线只可以一个人附着。⑥ 安全带在使用前应进行检查，并应每隔 12 个月进行静荷重试验；试验荷重为 2205N，试验时间为 5min，试验后检查是否有变形、破裂等情况，并做好试验记录。不合格的安全带应及时处理，严禁使用。⑦ 安全网是防止坠落的最后措施。如果使用，应按 GB 5725—1997《安全网》的要求进行安装。安全网安装后应按规定进行坠落测试，满足标准要求后方可投入使用。安全网应符合以下要求：能够承受与垂落测试中相等的冲击力；安全网应每周至少检查一次磨损、损坏和老化情况；掉入安全网的材料、小部件、设备和工具应在每次换班之前予以清除。⑧ 在坝顶、陡坡、屋顶、悬崖、杆塔、吊桥以及其他危险的边沿进行工作，临空一面应装设安全网或防护栏杆，否则，工作人员须使用安全带。⑨ 峭壁、陡坡的场地或人行道上的冰雪、碎石、泥土须经常清理，靠外面一侧须设 1200mm 高的栏杆。在栏杆内侧设 180mm 高的侧板或土埂，以防坠物伤人。

4. 作业安全措施

（1）作业负责人应对作业人进行必要的安全教育，内容应包括所从事作业的安全知识、作业中可能遇到意外时的处理和救护方法等。

（2）应制定应急预案，内容至少包括作业人员紧急状况时逃生路线和救护方法，现场应配备的救生设施和灭火器材等。现场人员应熟知应急预案的内容。

（3）高处作业人员应系好安全带，戴好安全帽，衣着要灵便，禁止穿硬底和带钉易滑的鞋，安全带的各种部件不得任意拆除，有损坏的不得使用。安全带和安全帽应符合国家标准。严禁用绳子捆在腰部代替安全带。

（4）高处作业应使用符合安全要求的吊笼、梯子、防护围栏、挡脚板等，作业前，应仔细检查所用的安全设施是否坚固、牢靠。夜间高处作业应有充足的照明。

（5）安全带应系挂在施工作业处上方结实牢固的构件上，或专为挂安全带用的生命线上。不得系挂在有尖锐棱角的部位，禁止挂在移动或不牢固的物件上。安全带系挂点下方应有足够的净空间。安全带应高挂（系）低用。

（6）高处作业严禁上下投掷工具、材料和杂物等，要用绳系牢后往下或往上吊送，以免打伤下方工作人员或击毁脚手架，所用材料要堆放平稳，作业点下方要设安全警戒区，要有明显警戒标志，并设专人监护。

（7）高处作业中所用的物料，均应堆放平稳，不妨碍通行和装卸。工具应随手放入工具袋；作业中的走道、通道板和登高用具，应随时清扫干净；拆卸下的物件及余料和废料均应及时清理运走，不得任意乱置或向下丢弃。传递物件禁止抛掷。较大的工具应用绳拴在牢固的构件上，不准随便乱放，严禁在作业面上随意堆放材料，把不用的工具随时放进工具袋内，以防止高空落物发生事故。不得上下垂直进行高处作业，如需分层进行作业，中间必须搭设严密牢固的防护隔板、罩棚或其他隔离措施。

（8）在进行高处工作时，除有关人员外，不准他人在工作地点的下面通行或逗留，工作地点下面应有围栏，必要时应设安全警戒区，并设专人监护防止落物伤人。施工作业场所有坠落可能的物件，应一律先行撤除或加以固定。登高作业点的下方严禁堆放有钉子的木板、铁屑及其他尖锐朝天的物体。高空焊接或气割，必须先把下方地面上一切易燃液体或固体移开。

（9）登高作业前，必须检查脚踏物是否安全可靠，如脚踏物是否有承重能力，木电杆的根部是否腐烂等。禁止登在不坚固的结构上（如石棉瓦、彩钢板屋顶）进行工作，不得坐在平台、孔洞边缘和躺在通道或安全网内休息。为了防止误登，应在这种结构的必要地点挂上警告牌。

（10）楼板上的孔洞应设坚固的盖板或围栏。在没有安全防护设施的条件下，严禁在屋架、桁架的上弦、支撑、檩条、挑架、挑梁、砌体、不固定的构件上行走或作业。洞口防护设施如有损坏必须及时修缮；洞口防护设施严禁擅自移位、拆除；在洞口旁操作要小心，不应背朝洞口作业；不要在洞口旁休息、打闹或跨越洞口及从洞口盖板上行走；同时洞口还必须挂设醒目的警示标志等。30m以上的特级高处作业与地面联系应设有专人负责的通信装置。

（11）梯子使用前应仔细检查，结构应牢固。踏步间距不得大于400mm，不得有缺档；人字梯有坚固的铰链和限制跨度的拉链，支设人字梯时，两梯夹角应保持40°，同时两梯要牢固。在平滑面上使用的梯子，应采取端部套绑防滑胶皮等防滑措施。梯子应放置稳定，与地面夹角以60°~70°为宜。不许蹲在梯子顶端工作，用靠梯时人脚距梯子顶端不得少于四步，用人字梯时不得少于两步，靠梯的高度如超过6m，应在中间设支撑加固。电工作业必须使用绝缘梯。

（12）在容易滑偏的构件上使用靠梯时，梯子上端应用绳绑在上方牢固构件上。禁止在吊架上架设梯子，如在悬空的板上架设梯子应采取相应的保护措施。单梯只许上一人操作，禁止多人在同一架梯上工作，不准带人移动梯子。

（13）高处作业需与架空电线保持规定的安全距离。

（14）外用电梯、罐笼应有可靠的安全装置。非载人电梯、罐笼严禁乘人。高处作业人员应沿着通道、梯子上下，不得沿着绳索、立杆或栏杆攀登，也不得任意利用吊车臂架等施工设备进行攀登。上下梯子时，必须面向梯子，且不得手持器物。

（15）冬季在低于零下10℃进行露天高处工作，必要时应该在施工地区附近设有取暖的休息场所；取暖设备应有专人管理，注意防火。

（16）在六级及以上的大风以及暴雨、打雷、大雾等恶劣天气，应停止露天高处作业。暴风雪及台风暴雨后，应对高处作业安全设施逐一加以检查，发现有松动、变形、损坏或脱落等现象，应立即修理完善。

（17）下雪天气，生产现场积雪较多时，应停止露天高处作业，如果生产需要进行高处作业时，应在楼梯、平台要铺设草包，做好防滑措施。并穿防滑性能好的鞋子，小步慢跑，在室外上下楼梯时手要扶着栏杆行走。

（18）高处作业所搭建使用的平台等安全设施需进行受力分析及计算，力学计算按一般结构力学公式，强度、挠度及承载力计算按现行有关规范进行，以防平台超载坍塌。

（19）凡4m以上建筑施工工程，在建筑的首层要设一道3~6m宽的安全网。如果高层施工时，首层安全网以上每隔四层还要支一道3m宽的固定安全网。如果施工层采用立网做防护时，应保证立网高出建筑物1m以上，而且立网要搭接严密。并要保证规格质量，使用安全可靠。

（20）在高处作业中涉及其他特种作业，按相关规定办理相应的特种作业许可手续。

六、起重和搬运

1. 基本规定

（1）在进行设备检修、改造工程与基本建设建筑安装工作前，必须在施工组织设计中明确规定起重工作所采用起重设备的规范与安全操作要求。

（2）起重能力在50t以上的起重设备，有关的工程设计单位应参加设备的订货、验收、试运转及鉴定起重设备的安全技术问题。

（3）交接起重设备时，应由交付单位提出设备构造、装配、安全操作与维护的说明书；接收单位按说明书及清单上的规定进行验收。

（4）对于需要经过安装、试车方可运行的起重设备，包括与之相关的电力等接线、行驶轨道或路面、路基的状况及标志的设置等，必须经有关的专业技术人员进行检查和试验，出具书面检验报告和发放合格证后方可正式投入使用。特种设备应在特种设备安全监督管理部门登记并经检验检测机构检验合格。

（5）起重设备的停置，燃料或附属材料的存放环境应制定相关的管理措施，事先应进行查验或提出要求．以确保安全。

（6）起重机械只限于熟悉使用方法并经有关机构业务培训考试合格、取得操作资格证的人员操作。取得一种或几种起重设备合格证的驾驶人员，去承担另一种新型起重设备的驾驶工作前应经过新设备的单独测验，取得相应的操作资格证后方可正式工作。

（7）起重机械和起重工具的工作负荷，不准超过铭牌规定。没有制造厂铭牌的各种起重机具，应经查算，并作荷重试验后，方准使用。

（8）各式起重机、各种简单起重机械、钢丝绳、麻绳、纤维绳、吊装带、吊环等的检查和试验等，可参考有关资料。

（9）一切重大物件的起重、搬运工作应由有经验的专人负责指挥，参加工作的人员应熟悉起重搬运方案和安全措施。起重搬运时应由一人指挥，指挥人员应经有关机构专业技术培训取得资格证的人员担任。

（10）遇有大雾、照明不足、指挥人员看不清各工作地点或起重驾驶人员看不见指挥人员时，不准进行起重工作。

（11）遇有6级以上的大风时，禁止露天进行起重工作。

（12）各种起重机检修时，应将吊钩降放在地面。

（13）各种起重机械的安装、使用、检查、试验等，除应遵守本部分的规定外，还应执行相关的国家、行业标准。

2. 起重安全知识

（1）对重大的起重、吊装项目，必须制定施工方案和安全措施，经交底后方准施工。

（2）起重量达到起重机械额定负荷，两台以上起重机械抬吊同一

工作现场超过五级风或大雨、
大雪或大雾等天气不吊

物件，起吊精密的、不易吊装的大件，在复杂场所进行大件吊装，起重机在高压输电线路下方或附近工作，必须办理安全施工工作票。

（3）起重机械使用一年至少要做一次全面检查。新装、拆迁、大修的起重机械，使用前均应做动、静负荷试验。

（4）起重机械应备有灭火器材，操作室内应铺设绝缘胶垫，严禁积存易燃物。

（5）塔式等高架起重机，应有可靠的避雷装置。

（6）起重机工作应有统一的指挥和信号，指挥应用旗和口哨进行。不宜单独使用对讲机指挥联络。指挥人员应由有经验的起重工担任。

（7）起重机在开动及起吊中的每个动作前，司机均应发出戒备信号，无关人员应离开作业区。起吊重物时，任何人不得站在被起吊的重物或吊臂上，并不得在起吊物下站立或通行。

（8）起重机严禁同时操作三个动作。当起重物接近额定负荷时，只许操作一个动作。悬臂式起重机满负荷时，严禁降低起重臂。

（9）起重机工作完毕或正在工作中突遇停电，应先将控制器恢复到零位，然后切断电源。

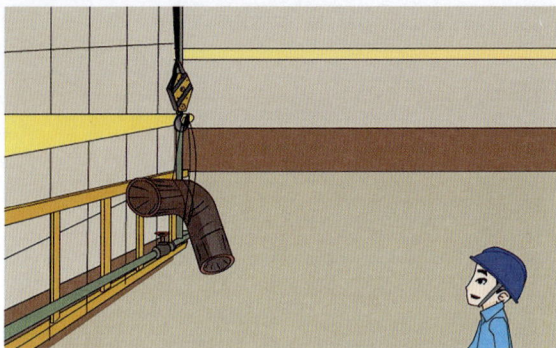

（10）遇有大雪、大雾或雷雨时，不得露天进行起重工作。当场地照明不足时，应停止起重作业。

（11）遇有六级及以上大风时，应停止露天起重作业。

（12）起吊大件时，必须绑牢。吊钩的悬挂点应与吊件的重心在同一沿垂线上。吊钩钢丝绳应保持垂直，严禁偏位斜吊。落钩时应防止吊件局部着地引起吊绳偏斜，起重物未固定好严禁松钩。

（13）爆炸品、危险品（压缩气瓶、酸、碱、可燃油类等）不得起吊。必须起吊时，应采取可靠的安全措施，并经工程师批准后，方可进行。

（14）有下列情况之一时，司机不得进行操作（十不吊）：

1）指挥信号不明不吊；

2）超载不吊；

3）物件捆绑不牢不吊；

4）吊物上有人不吊；

5）安全装置不灵不吊；

6）吊物埋在地下，情况不明不吊；

7）光线不足看不清不吊；

8）歪拉斜拽不吊；

9）边缘锋利物件无防护措施不吊；

10）吊索有断股或扭曲不吊。

3. 起重机械安全设施

起重机械常用的安全保护装置有：

（1）限制起重量或起重力矩的装置：起重量限制器，起重力矩限制器。

（2）限制工作范围界限的装置：起升高度限制器，行程限制器。

（3）保证正常起重工作的装置：制动器，极限力矩联轴器，起重机防碰撞装置，运行偏斜指示与调整装置，缓冲器，防滑装置，安全开关，紧急开关等。

4. 起重机械（塔吊）安装与拆除安全

近年来，塔吊在安拆过程中，经常发生事故，为了预防事故，建设部规定安装拆除塔吊必须由具有专业施工资质及专业人员的企业实施，并编制专项施工方案。

塔式起重机因结构不同，其拆装方案也各不相同。安装、拆除专项施工方案如下：

（1）整机及部件的安装或拆卸的程序与方法。

（2）安装过程中应检测的项 E1 以及应达到的技术要求。

（3）关键部位调整工艺应达到的技术条件。

（4）需使用的设备、工具、量具、索具等的名称、规格、数量及使用注意事项。

（5）作业工位的布置、人员配备（分工种、等级）以及承担的工序分工。

（6）安全技术措施和注意事项。塔机的安装拆卸的注意事项如下：

1）拆装前，应进行一次全面检查，发现问题及时处理，以防止任何隐患存在，确保安全作业。

2）辅助机械，必须性能良好，技术要求能保证拆装作业需要。

3）拆装作业必须在白天进行，不得在大风、浓雾和雨雪天进行。

5. 起重机械安全专项施工方案的编制

（1）塔吊安装前的准备工作。

1）组织有关人员学习塔吊使用说明书，熟悉掌握塔吊技术性能。

2）根据施工现场情况确定塔吊位置和塔吊安装高度。

3）塔吊基础施工。

4）塔吊安装机具准备。

5）将电源引入塔吊专用配电箱。

6）人员组织。

（2）塔吊安装前安全检查验收。

1）塔吊基础检查：检查塔基混凝土试压报告，待混凝土达到设计强度后方可进行组织塔吊安装。混凝土塔基的上表面水平误差不大于 0.5mm。混凝土塔基应高于自然地面 150mm，并有良好的排水措施，严禁塔基积水。

2）对塔吊自身的各个部件，结构焊缝、螺栓、销轴、导向轮、钢丝绳、吊钩、吊具及起重顶升液压爬升系统、电气设备等进行仔细的检查，发现问题及时解决。

3）检查塔吊开关箱及供电线路，保证作业时安全供电。检查安装使用机具的技术性能是否良好，检查安装使用的安全防护用品是否

符合要求，发现问题立即解决，保证安装过程中安装使用的机具设备及安全防护用品的使用安全。

4）塔吊在安装过程中必须保持现场清洁有序，以免妨碍作业影响安全。设置作业区警戒线，并设专人负责警戒，防止以塔吊安装无关的人进入塔吊安装现场。

5）塔吊安装必须在白天进行，并应避开阴雨、大风、大雾天气，如在作业时突然发生天气变化要停止作业。

6）参加塔吊安装拆除人员，必须经劳动部门专门培训，经考试合格后持证上岗。参加塔吊安拆人员必须戴好安全帽，高空作业人员要系好安全带，穿好防滑鞋和工作服，作业时要统一指挥，动作协调，防止意外事故发生。

7）塔吊作业防碰撞措施。塔与塔之间的最小架设距离应保证处于低位的塔吊臂端部与另一台塔吊的塔身之间最少距离不低于2m，处于高位的塔吊（吊钩升至最高点）与低位的塔吊之间，在任何情况下其垂直方向的间距不小于2m。

（3）塔吊安装工艺要求。

1）塔吊安在施工前要由项目技术负责人编制塔吊安拆方案和安

拆安全技术交底，使参加塔吊安拆的人员都知道自己的工作岗位及工作内容、技术要求和安全注意事项，并在施工过程中严格遵守。

2）塔吊安装完成后，由项目经理组织有关人员进行检查验收，经验收合格后，填写施工现场机械设备验收报审表，并提供以下材料：① 产品生产许可证和出厂合格证；② 产品使用说明书、有关图纸及技术资料；③ 产品的有关技术标准规范；④ 企业自检验收表。报当地建筑施工安全监督站，待安全监督站检查、验收合格签发验收合格准用证后方可进行使用。

3）塔吊安装程序：塔吊安装程序：固定塔吊基础—安装塔吊标准节至 26m—吊装塔帽转台和驾驶室—吊装平衡臂及卷扬机、配电箱—先吊装一块配重块—吊装起重臂及撑架系统（包括小车牵引机构和小车）—吊装剩余两块配重块穿绕有关绳索系统—检查整机的机械部件，结构连接部件、电气部件等—调整好各安全保护装置—进行试车。

（4）塔吊安装工艺标准要求。

1）塔吊必须做好接地保护，防止雷击（采用不小于 10mm^2 多股铜线用焊接的方法连接），接地电阻值不大于 4Ω。

2）塔吊安装完成后，在无荷载的情况下，塔身与地面的垂直度偏差值不得超过 3/1000。

3）塔吊各部件的连接螺栓、销轴预紧力应符合要求。液压系统、安全阀的数值，电器系统保护装置的调整值及其他机构部件的调整值，均应符合要求。

4）力矩限制器的综合误差不大于其额定值的 8%，超过额定值时，应切断吊钩上升和幅度增大方向的电源，横担机构可做下降和减小幅度方向的运动。

5）超高限制器：当吊钩架上升高度距定滑轮不小于 1m 时，超高限制器应能切断吊钩上升方向的电源。

6）变幅限制器：当小车行驶至吊臂端部 0.5m 处时，应能切断小车运行方向的电源。

7）塔吊安装完成检查无误后，必须进行空载、静载、动载试验，其静载塔吊安装完成检查无误后，必须进行空载、静载、动载试验，其静载试验吊重为额定荷载的 125%，动载吊重试验吊重为额定荷载的 110%，经试验合格后方能交付使用。

8）其他未尽事宜，按《建筑施工安全检查标准》（JGJ 59—1999）和塔吊使用说明书要求执行。

（5）塔机基础。

1）基础地耐力按该工程设计地耐力 20t/m 计，基础开挖根据该基础图开挖基础；挖至自然地坪以下 1.5m 深处，进行钎探工序，钎探后无洞穴、窖坑等异常情况，然后进行夯实，待支模浇筑。

2）支设基础模板，经检验模板合格后，可进行混凝土浇筑工序。

3）基础混凝土强度 C35 搅拌浇筑，浇至应放置预埋件位置时，放线定位确定地脚螺栓位置，确定地脚螺栓位置时，用标准钢卷尺丈量四周长度和对角线长度进行，距离和垂直度误差应控制在小于 2mm 范围内。

4）基础浇筑完毕后，要定期养护，待其强度达到设计强度的 100% 以上时，方可进行塔机安装。

5）浇筑基础应做好试块，并应试压合格。

（6）塔机安装。

1）先将底架放置混凝土基础平台上，装上压板，拧紧地脚螺栓，测量底架上的四个法兰盘和四个斜撑杆支座处的水平度，使在规定的误差内。若超出误差则在底盘与基础的接触面间用楔形调整块及铁板垫平，注意垫块必须垫实、垫牢，不允许垫块有任何可能的松动，并用双螺母拧紧防松。

2）将3节标准节用16套高强螺栓连成一体，然后吊装在固定基础上，并用8套高强螺栓固定，安装时注意有踏步的一面要垂直于建筑物。

3）在地面上将液压系统装好在外套架上，将外套架吊起套在连接好的标准节外面，并使套架上的卡爪搁在标准节的最下一个踏步上。

4）在地面上先将下支座、回转支承、上转台、回转机构及司机室等装为一体，然后整体吊起，用8套高强螺栓安装在塔身节上，再用4个销轴将外套架与下支座连接。注意：回转支承与下支座、上转台的连接螺栓一定要拧紧。

5）在地面上将塔顶与平衡臂拉杆的第一节用销轴连好后，吊起用4个销轴与上转台相连。安装塔顶时要注意塔顶的前后方向。

6）在地面上拼装好平衡臂，并将卷扬机构、配电箱等安装在平衡臂上，接好各部分电线，然后将平衡臂吊起与上转台用销轴固定，再将平衡臂吊起一定角度装好平衡臂拉杆，放平后吊车摘钩。

7）吊起平衡重一块，放在平衡臂最根部的一块配重位置处。

8）起重臂与起重臂拉杆的安装：① 起重臂的配置，次序不得混乱。② 按照组合塔臂长度，用相应销轴把它们装配在一起，臂架第一节和第二节连好后，装上变幅小车并固定在吊臂根部，把吊臂搁置在1m高左右的支架上，使小车离地；装上小车牵引机构。所有销轴都装上葫芦销或开口销且开口销必须充分张开。③ 组合塔臂拉杆，用销轴连接后搁置在吊臂上的拉杆护架上。④ 检查吊臂上的电路是否完善，并穿绕小车牵引钢丝绳。先不穿绕起升钢丝绳。⑤ 将吊臂总成平稳吊起，将吊臂与上转台用销轴连接（吊装中必须保持吊臂水平以利安装）。⑥ 吊臂连接完毕后，继续提升吊臂使吊臂头部稍稍抬起。⑦ 穿绕起升绳，用起升机构辅助安装拉杆，先将短拉杆用销轴链接到塔顶相应的拉板上，继续开动卷扬机构，使长拉杆也能链接到塔顶相应拉板上。

注意：起升机构拉起起重臂拉杆时，起重臂拉杆不允许承受重臂重量。

⑧ 将吊臂缓慢放下，使拉杆处于拉紧状态。

9）吊装平衡重。按塔机规定安装其余几块平衡重。然后将平衡重用连接板连接。

10）穿绕起升钢丝绳将起升绳引经塔顶排绳轮后，绕过塔顶上的起重量限制器滑轮；再绕过小车滑轮和吊钩滑轮，将绳端用楔套或绳卡固定在臂端。

11）将小车退至臂架最根部与碰块顶牢，转动小车的紧绳卷筒，把小车变幅绳尽力拉紧。

12）塔身标准节的接高方法及顺序：① 塔身标准节安装：安装标准节。② 将起重臂旋转至引入塔身标准节的方向（起重臂位于外套架上引入梁的正上方）。

七、土石方工作

1. 土石方开挖安全

深度大于 5m 且底面积大于 50m^2 的基坑，必须编制专项施工方案。

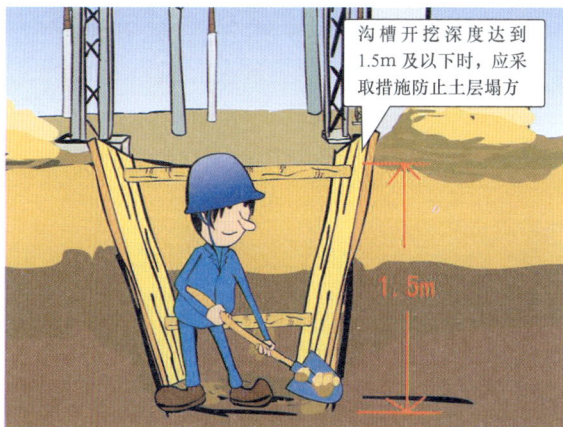

沟槽开挖深度达到 1.5m 及以下时，应采取措施防止土层塌方

基坑（槽）专项施工方案应包括：施工方法、施工程序、进度安排、排水降水方案、推土弃土方案、施工安全措施、环境保护措施、监控措施和应急处置方案。

预防土石方坍塌的安全规定：

（1）施工人员必须按安全技术交底要求进行挖掘作业。

（2）土方开挖前必须作好降（排）水。

（3）挖土应从上而下逐层挖掘，严禁掏挖。

（4）基坑（槽）必须设置人员上下坡道或爬梯，严禁在坑（槽）壁上掏坑、攀登上下。

（5）开挖基坑（槽）沟深度 1.5m 时，必须根据土质和深度放坡或加可靠支撑。

（6）当深度超过 2m 时，周边必须设两道护身栏杆；对行人、交通有危险的，夜间设置红色警示灯。

（7）开挖的基坑（槽）边 1m 内禁止堆土、堆料、停置机具。1~3m 间堆土高度不得超过 1.5m，3~5m 间堆土高度不得超过 2.5m。

（8）人员配合机械挖土、清底、平地、修坡等作业时，不得在机械回转半径以内作业。

（9）作业时要随时注意检查土壁变化，发现有裂纹或部分塌方，必须采取果断措施，将人员撤离，排除隐患，确保安全。

（10）在软土和膨胀土地区开挖时，要有特殊的开挖方法，施工人员必须听从指挥和部署，严禁擅自作主、冒险蛮干，以免发生事故。

2. 土石方施工机械安全

（1）人工开挖基坑（槽）的安全要求：

1）人工开挖时，施工人员必须按要求进行放坡或支撑防护。施工人员的横向间距不得小于 2m，纵向间距不得小于 3m，严禁掏洞和从下向上拓宽沟槽，以免发生塌方事故。

2）施工中要防止地面水流入基坑（槽）内，以免边坡塌方。

3）在深坑开挖时，要保持坑内通风良好，遇有可疑情况，应该立即停止作业，并且报告上级处理。

4）开挖过程中，施工人员要随时注意基坑（槽）壁变化的情况，如发现有裂纹或部分塌落现象，要立即停止作业，撤到基坑（槽）上，并报告上级，待处理稳妥后，方可继续进行开挖。

5）人员上下基坑（槽）应先挖好阶梯或设梯架、搭设跳板，不得从上跳下或踩踏基坑（槽）壁及其支撑进行上下。

（2）机械挖土的安全要求：

1）参加机械挖土的人员要遵守所使用机械的安全操作规程，机械的各种安全装置齐全有效。

2）土石方开挖的顺序应从上而下分层分段依次进行，禁止采用挖空底脚的操作方法，并且应该做好排水措施。

3）使用机械挖土前，要先发出信号。配合机械挖土的人员，在基坑（槽）内作业时要按规定坡度顺序作业。任何人不得进入挖掘机的工作范围内。

4）装土时，任何人不得停留在装土车上。

5）在有支撑的基坑（槽）使用机械挖土时，必须注意不使机械碰坏支撑。

3. 基坑支护安全

（1）开挖基坑前，认真作好现场调查研究，了解施工区域内原有的地下建筑物、地下管线及其他影响正常开挖设施的分布情况。

（2）按建筑单位设计要求在基坑内外做好降水准备工作，在基坑四周设置排水沟，及时排水。

（3）基坑开挖后四周用钢管设置 1.2m 高防护栏进行围护，安装围护网，并涂刷醒目标记确保夜间施工安全。

（4）围护结构必须封闭合拢后才能开挖，开挖过程中应注意土壁的变动情况，如有异常现象，应立即停止开挖，及时上报，并采取加固措施。

（5）开挖过程中按设计要求周期性对桩位及埋设的水准点进行观测、量测，及时掌握桩的位移和基坑沉降，确保基坑开挖安全稳定。

（6）当土方开挖到相应支撑处，必须按设计要求及时架设钢支撑，使基坑的变形满足设计要求。

（7）经常检查土壁的稳定情况。

（8）由于基坑开挖后，底部有大量积水，因此特别注意用电安全，经常检查各种用电设施、漏电保护器及电缆线的完好性，发现漏洞及时改正。

（9）土方外运时，所有运输及装卸机械必须遵守其相应的《安全操作规程》，司机持证上岗，进入市区时遵守交通法规，不超运超载。

4. 爆破工程安全

（1）爆破工程，必须严格按照经爆破工作领导人或主管部门批准后的单项安全技术方案施工。

（2）爆破作业人员（包括爆破员、爆破器材保管员、安全员和爆破器材押运员）须经专门安全技术培训考核合格，并取得公安部门发给的有效安全作业证后，持证上岗操作。

（3）联结导火索和火硝管，必须在专用房内加工。房内不准有电气、金属设备，无关人员不得入内。

（4）切割导火索或导爆索，必须用锋利小刀，禁止用剪刀剪断或用石器、铁器敲断。导火索长度不得小于 1m，导爆索禁止撞击、抛掷、践踏。切割导火索或导爆索的台桌上，不得放置雷管。

（5）加工起爆药包，只许在爆破现场于爆破前进行，并按所需数量一次制作，不得留成品备用，制作好的起爆药包应专人妥善保管。

（6）装药要用木竹棒轻塞，严禁用力抵入和使用金属棒捣实。禁止使用冻结、半冻结或半熔化的硝化甘油炸药。

（7）洞室法爆破，药室内的照明未装起爆体前，其电压应用低压电。安起爆体时，必须用手电筒或在峒外用透光灯照明。

（8）放炮必须有专人指挥，事先设立警戒范围，规定警戒时间、信号标志，并派出警戒人员，起爆前要进行检查，必须待施工人员、过路行人、船只、车辆全部避入安全地点后方准起爆，警报解除后方可放行；炮工的掩蔽所必须坚固，道路必须畅通。

（9）电力爆破应遵守下列要求：

1）电源应有专人严格控制，放炮器应有专人保管，闸刀箱要上锁。不到放炮时间，不准将把手或钥匙插入放炮器或接线盒内。

2）同一路电炮应使用同厂、同批、同牌号的雷管。

3）接线前先将电雷管的脚线联结短路，待接母线时解开，连接母线应从药包开始向电源方向敷设。主线末端未接电源前应先用胶布包好，防止误触电源。

4）装药时，严禁将电爆机地线接在金属管道和铁轨上。雷雨天气不准露天电力爆破；如中途遇雷电时，应迅速将雷管的脚线、电线主线两端联结短路。

5）联线时，必须将手提灯撤出工作面 3m 以外。用手电照明时，应离联线地点 15m 以外。

八、脚手架搭设

脚手架指施工现场为工人操作并解决垂直和水平运输而搭设的各种支架。建筑界的通用术语，指建筑工地上用在外墙、内部装修或层高较高无法直接施工的地方，主要为了施工人员上下干活或外围安全网围护及高空安装构件等的架子。脚手架制作材料通常有竹、木、钢

搭建脚手架的架子工必须持证上岗。

管或合成材料等。有些工程也用脚手架当模板使用，此外在广告业、市政、交通路桥、矿山等部门也被广泛使用。

1. 脚手架分类

目前，国内现在使用的用钢管材料制作的脚手架有扣件式钢管脚手架、碗扣式钢管脚手架、承插式钢管脚手架、门式脚手架，还有各式各样的里脚手架、挂挑脚手架以及其他钢管材料脚手架。从其材料和构造情况可将其大致划分如下：

折叠按杆件的材料划分：① 单一规格钢管的脚手架。它只使用一种规格的钢管，如扣件式钢管脚手架，只使用 $\phi 48.3 \times 3.5mm$ 的电焊钢管。② 多种规格钢管组合的脚手架。它由两种以上的不同规格的钢管构成，如门式脚手架。③ 以钢管为主的脚手架。即以钢管为主，并辅以其他型钢杆件所构成的脚手架，如设有槽钢顶托或底座的里脚手架，有连接钢板的挂挑脚手架等。碗扣式钢管脚手架当采用钢管横杆时，为"单一钢管的脚手架"；当采用型钢搭边横杆时，为"以钢管为主的脚手架"。

折叠按横杆与立杆之间的传递垂直力的方式划分：① 靠接触面摩擦作用传力，即靠节点处的接触面压紧后的摩擦反力来支承横杆荷载并将其传给立杆，如扣件的作用，通过上紧螺栓的正压力产生摩擦力。② 靠焊缝传力。大多数横杆与立杆的承插联结就是采用这种方式，门架也属于这种方式。③ 直接承压传力。这种方式多见于横杆搁置在立杆顶端的里脚手架。④ 靠销杆抗剪传力。即用销杆穿过横杆的立式联结板和立杆的孔洞实现联结、销杆双面受剪力作用。这种方法在横杆和立杆的联结中已不多见。

此外，在立杆与立杆的联结中，也有 3 种传力方式：① 承插对接的支承传力。即上下立杆对接，采用连接棒或承插管来确保对接的良好状态。② 销杆连接的销杆抗剪传力。③ 螺扣连接的啮合传力。即内管的外螺纹与外（套）管的内螺纹啮合传力。其中后两种传力方式多用于调节高度要求的立杆连接中。

折叠按联结部件的固着方式和装设位置划分：① 定距连接：即联结焊件在杆件上的定距设置，杆件长度定型，联结点间距定型。② 不定距联结：即联结件为单设件，通过上紧螺栓可夹持在杆件的任何部位上。

折叠按工人固定结点的作业方式划分：①插入打紧；②拧紧螺栓。

2. 脚手架搭设、拆除安全

（1）搭设高层脚手架，所采用的各种材料均必须符合质量要求。

（2）高层脚手架基础必须牢固，搭设前经计算，满足荷载要求，并按施工规范搭设，做好排水措施。

（3）脚手架搭设技术要求应符合有关规范规定。

（4）必须高度重视各种构造措施：剪刀撑、拉结点等均应按要求设置。

（5）水平封闭：应从第一步起，每隔一步或两步，满铺脚手板或

脚手笆，脚手板沿长向铺设，接头应重叠搁置在小横杆上，严禁出现空头板，并在里立杆与墙面之间每隔四步铺设统长安全底笆。

（6）垂直封闭：从第二步至第五步，每步均需在外排立杆里侧设置 1m 高的防护栏杆和挡脚板或设立网，防护杆（网）与立杆扣牢；第五步以上除设防护栏杆外，应全部设安全笆或安全立网；在沿街或居民密集区，则应从第二步起，外侧全部设安全笆或安全立网。

（7）脚手架搭设应高于建筑物顶端或操作面 1.5m 以上，并加设围护。

（8）搭设完毕的脚手架上的钢管、扣件、脚手板和连接点等不得随意拆除。施工中必要时，必须经工地负责人同意，并采取有效措施，工序完成后，立即恢复。

（9）脚手架使用前，应由工地负责人组织检查验收，验收合格并填写交验单后方可使用。在施工过程中应有专业管理、检查和保修，并定期进行沉降观察，发现异常应及时采取加固措施。

（10）脚手架拆除时，应先检查与建筑物连接情况，并将脚手架上的存留材料、杂物等清除干净，自上而下，按先装后拆、后装先拆的顺序进行，拆除的材料应统一向下传递或吊运到地面，一步一清。不准采用踏步拆法，严禁向下抛掷或用推（拉）倒的方法拆除。

（11）搭拆脚手架，应设置警戒区，并派专人警戒。遇有六级以上大风和恶劣天气，应停止脚手架搭拆工作。

（12）对地基的要求，地基不平时，请使用可垫底座脚，达到平衡。地基必须有承受脚手架和工作时压强的能力。

（13）工作人员搭建和高空工作中必须系有安全带，工作区域周边请安装安全网，防止重物掉落，砸伤他人。

（14）脚手架的构件、配件在运输、保管过程中严禁严重摔、撞；搭接、拆装时，严禁从高处抛下，拆卸时应从上向下按顺序操作。

（15）使用过程注意安全，严禁在架上打闹嬉戏，杜绝意外事故发生。

（16）工作固然重要，安全、生命更加重要，请务必牢记以上内容。

3. 脚手架验收

（1）脚手架搭设完毕，应由施工负责人组织，有关人员参加，按照施工方案和规范分段进行逐项检查验收，确认符合要求后，方可投入使用。

（2）检验标准（应按照相应规范要求进行）：

1）钢管立杆纵距偏差为 ±50mm。

2）钢管立杆垂直度偏差不大于 1/100H（H 为总高度），且不大于 10cm。

3）扣件紧固力矩为：40~50N·m，不大于 65N·m。抽查安装数量 5%，扣件不合格数量不多于抽查数量的 10%。

4）扣件紧固程序直接影响脚手架的承载能力。试验表明当扣件螺栓扭力矩为 30N·m 时，比 40N·m 时的脚手架承载能力下降 20%。

（3）对脚手架检查验收按规范规定进行，凡不符合规定的应立即进行整改，对检查结果及整改情况，应按实测数据进行记录，并由检测人员签字。

九、管道保温

管道保温安全工作：

（1）工作时穿戴好劳保护用品，接触矿渣棉及玻璃棉时，袖口、裤脚、领口要扎好，同时要戴好口罩。

（2）检查脚手架和所用工具，如发现不安全之处要妥善处理。

（3）不许踩蹬脚手架探头进行工作，不许两人站在一块独板上工作。传递脚手板，不要用骑马式，最好两人传递。

（4）在脚手架立杆上拴绑滑轮运输材料时，每次吊运质量不要超过 40kg，拉绳人要在滑轮下方的 3m 以外，拉绳不要过猛。接料时要等物体停稳后再接。

（5）管道保温时，有关部门应确认管道无泄漏后方可进行，特殊情况应采取足够措施，生产车间要有工人监护，工作中不要乱动各种阀门。

（6）地下管道保温时，要检查有无有毒气体和酸液，工作时要按

进入设备、管道的要求，采取可靠安全措施。

（7）缝扎矿棉席时，对面两人要错开站立，以防钢针刺伤对方。

（8）接触矿渣棉及玻璃棉时，工作后应洗澡。

（9）保温工作要定期进行身体检查。

（10）使用沥青油漆及外包铁皮时，要遵守该工种安全技术操作规程的有关规定。

（11）登高作业要严格遵守有关高处作业安全技术操作规程。

（12）在化工车间保温作业应与生产车间联系，应遵守化工生产车间有关安全规定，注意生产情况出现异常及时撤离，不得借用生产在用管道设施兼作脚手架。

十、土建施工

1. 土建工程安全知识

（1）现场施工机械必须按施工平面图布置，如须移动，必须经现场施工负责人同意方可进行。

（2）现场机械安装应稳固，带有胶轮胎的机械应将轮胎拆下并垫

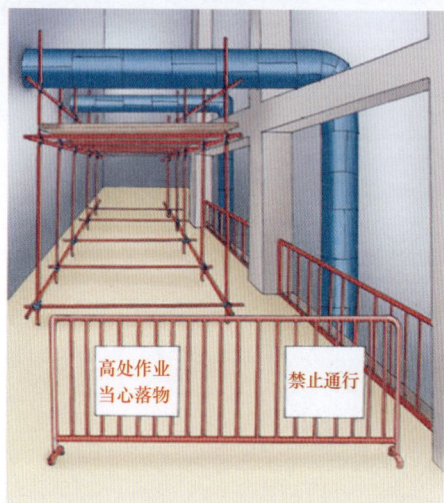

离地面,保养好。按规定搭设操作平台、防护栏杆,保证进、出料安全,整机应搭设安全可靠的操作棚。

(3)机械安装或检修完毕,必须经试运转正常,办理交接班签证手续后方准使用。

(4)一切机械、电器设备的金属外壳和行车轨道必须接零、接地线,电阻不大于10Ω。在同一供电系统中不准有的设备接零有的设备接地。

(5)按JGJ 46—1988规定,所有的施工机械都应安装漏电保护器。特别是移动型机具,不安装漏电保护器不得使用。

(6)实行一机一闸制,所有机械都应设独立的开关箱,箱内不得存放杂物。开关距所控设备水平距离不宜超过3m。

(7)机械操作人员要事先经过培训,三机操作工要持证上岗。严禁违章作业,严格执行操作规程,实行定机定人定责任制。

(8)操作工应做到"四懂""三会"即,懂构造、原理、性能、用途，会操作、会维修保养、会排除故障。

（9）工作前必须按规定穿戴好防护用品，操作旋转机库严禁戴手套。女工要戴女工帽，长发不得外露。

（10）使用移动型机具，操作人员应严格执行穿绝缘鞋戴绝缘手套的规定，禁止在无穿戴任何防护用品的情况下进行工作。

（11）机械设备使用前应检查各部位零配件、防护装置，尤其是离合器、制动器、限位器等是否齐全有效，并进行试运转，确认安全后方可使用。

（12）使用移动型机具应按规定设辅助人员；多机同时作业，要设监护人。二人以上共同作业时，必须有从有主，统一指挥。

（13）工作中精力要集中，不准开玩笑、打闹，不准睡觉和看书，不做与本职无关的事。

（14）各种机械不准超载运行，运行中发现有异声、杂音或电机过热（超过电机铭牌规定温度）应停机检修或降温，严禁在运行中检修、保养。

（15）按时做好各种机械的维修、保养工作，按规定加注润滑油；严禁机械带病运转，中途停电，应切断电源。

（16）检修机械、电气设备时，应拉闸断电锁箱，并挂"有人检修，禁止合闸"警示牌，最好设监护人，停电牌应谁挂谁取。

（17）严格执行交接班制度，下班（或工作完毕）后应切断电源，关箱加锁，并做好"十字"作业（清洁、润滑、调整、紧固、防腐）。

（18）操作人员应做好本机的使用、停用、维修、保养记录。

2. 混凝土工程安全

（1）作业人员进入现场必须戴好安全帽，扣好帽带，并正确使用个人劳动保护用品。

（2）操作人员必须身体健康持有效操作证，方可独立操作。

（3）脚手架、工作平台和斜道应绑扎牢固。若有探头板应及时绑扎搭好，脚手架上的钉子等障碍物应清除干净。高处作业或较深的地下作业，必须设有供操作人员上下的走道。

（4）浇筑地下工程的混凝土前，应检查土边坡有无裂缝、坍塌等现象。

（5）夜间施工应有足够的照明，临时电线必须架空在 2.5m 高以上。在深坑和潮湿地点施工必须使用低压安全照明。

（6）泵送设备放置应与基坑边缘保持一定距离。在布料杆动作范围内无障碍物，无高压线。

（7）水平泵送的管道敷设线路应接近直线，少弯曲，管道与管道支撑必须紧固可靠，管道接头处应密封可靠。

（8）当布料杆处于全伸状态时，严禁移动车身。作业中需要移动时，应将上段布料杆折叠固定，移动速度不超过 10km/h。布料杆不得使用超过规定直径的配管，装接的软管应系防脱安全绳带。

（9）泵送工作应连续作业，必须暂停时应每隔 5~10min（冬季3~5min）泵送一次。若停止较长时间后泵送时，应逆向运输 1~2 个行程，然后顺向泵送。泵送时料斗内应保持一定量的混凝土，不得吸空。

（10）浇筑离地 2m 以上框架、过梁、雨篷和小平台时，应设操作平台，不得直接站在模板或支撑件上操作。

（11）特殊情况下如无可靠的安全设施，必须系好安全带并扣好保险钩，或架设安全网。

（12）地下工程深度超过 3m 时，应设混凝土溜槽。滑放混凝土时，应上下配合。

（13）浇筑无板框架的梁、柱混凝土时，应搭设脚手架，并应附设防护栏杆，不得站在模板上操作。

（14）用草帘或草袋覆盖混凝土时，构件表面的孔洞部位应有封堵措施并设明显标志，以防操作人员跌落或受伤。草帘或草袋等用完后随时清理，堆放到指定地点，并应在堆置地点设置消防设施。

（15）在大风雪或暴风、雷雨的情况下（六级风以上），不得在露天进行高空作业；气温较低（-15℃左右），又在高空或迎风方向连续作业时，应加强保暖，必要时休息取暖。

（16）应经常检查脚手架的接头处是否牢固，检查安全防护设置是否齐全，是否因冰、雪、风、雨的影响而松动下沉。走道及跳板通道，应经常清扫或进行防滑处理。

（17）酒后及患有高血压、心脏病、癫痫症的人员，严禁参加高空作业。

3. 模板工程安全

混凝土结构的模板工程是混凝土成型施工中的一个组成部分。模板按材料可分为木模板、钢木模板、钢模板等。

模板工程的安全技术措施有：

（1）工作前应戴好安全帽，检查使用的工具是否牢固，扳手等工具必须用绳链系挂在身上，防止掉落伤人。工作时应集中思想，避免钉子扎脚和空中滑落。

（2）安装与拆除5m以上的模板，应搭设脚手架，并设防护栏杆，禁止在同一垂直面上下操作。高处作业要系安全带。

（3）不得在脚手架上堆入大批模板等材料。

（4）高处、复杂结构模板的安装与拆除，事先应有切实安全措施。高处拆模时，应有专人指挥，并在下面标出工作区。组合钢模板装拆时，上下应有人接应，随装拆随运送，严禁从高处掷下。

（5）支撑、牵杠等不得搭在门窗框架和脚手架上，通路中间的斜撑、拉杆应放在1.8m以上处，支模过程中，如需中途停歇，应将支撑、搭头、柱头板等钉牢；拆模间歇，应将已拆除的模板、牵杠、支撑等运走或妥善堆放。

（6）拆除模板一般用长撬棍。应防止整块模板掉下，以免伤人。

（7）模板上有预留洞口，应在安装后盖好洞口。混凝土板上的预留洞口中，应在模板拆除后随即将洞口盖好。

十一、施工用电

1. 施工用电策划

建筑施工现场临时用电工程专用的电源中性点直接接地的 220/380V 三相四线制低压电力系统，必须符合下列规定：

（1）采用三级配电系统。

（2）采用 TN–S 接零保护系统（工作零线与保护零线分开设置的接零保护系统）。

（3）采用二级漏电保护系统。

（4）当施工现场与外电线路共用同一供电系统时，电气设备的接地、接零保护应与原系统保持一致。不得一部分设备做保护接零，另

一部分设备做保护接地。

（5）采用 TN 系统做保护接零时，工作零线（N 线）必须通过总漏电保护器，保护零线（PE 线）必须由电源进线零线重复接地处或总漏电保护器电源侧零线处，引出形成局部 TN-S 接零保护系统。

2. 施工用电组织管理

（1）施工用电的布设应按已批准的施工组织设计进行，并符合当地供电部门的有关规定。

（2）施工用电设施应有设计并经有关部门审核批准方可施工，竣工后必须经编制、审核、批准部门和使用单位共同验收，合格后方可投入使用。

（3）施工用电设施安装完毕后，应有完整的系统图、布置图等竣工资料。

（4）施工用电系统投入运行前，应建立管理机构，设立运行、维修专业班组并明确职责及管理范围。

（5）根据用电情况制订用电、运行、维修等管理制度以及安全操作规程。运行、维护专业人员必须熟悉有关规程制度。

（6）凡需接引或变动较大的负荷时，应事先向用电管理部门提出申请，经批准后由专业人员进行接引或变动。接引或变动前应对设备做好电气检查记录。进行接引或变动电源工作必须办理工作票并设监护人。

（7）临时用电组织设计及变更时，必须履行"编制、审核、批准"程序，由电气工程技术人员组织编制，经相关部门审核及具有法人资格企业的技术负责人批准后实施。变更用电组织设计时应补充有关图纸资料。

（8）施工现场临时用电设备在 5 台以下和设备总容量在 50kW 以下者，应制定安全用电和电气防火措施。

（9）施工电源使用完毕后应及时拆除。

（10）配电室的值班巡视工作应按《电力安全作业规程（发电厂和变电所电气部分）》的有关规定执行。

（11）施工用电线路及设备的检修断开电源应按如下规定执行。

1）对准备停电进行作业的电气设备，必须把各方面的电源完全断开。

2）在停电电气设备上作业前，做到：① 运行中的星形接线设备的中性点必须视为带电设备。② 严禁在只经开关断开电源的设备上作业；必须拉开刀闸，使各方面至少有一个明显的断开点。③ 与停电设备有关的变压器和电压互感器，必须将高、低压两侧断开，防止向停电设备倒送电。

3）断开电源后，必须将电源回路的动力和操作熔断器取下，就地操作把手拆除或加锁，并挂警告牌。

4）在靠近带电部分作业时，作业人员应戴静电报警安全帽，作业时的正常活动范围与带电设备的安全距离应大于表 3-6 中规定。

表 3-6　工作人员工作时的正常活动范围与带电设备的安全距离

设备电压 （kV）	距离 （m）	设备电压 （kV）	距离 （m）
≤ 13.8	0.35	220	3.0
35	0.6	330	4.0
110	1.5	500	5.0

（12）施工用电线路及设备的恢复送电按如下规定执行。

1）停电设备恢复送电前，必须将工器具、材料清理干净，拆除全部接地线，收回全部工作票，撤离全部作业人员，向运行值班人员交办工作票等手续。接地线一经拆除，设备即应视为有电，严禁再去接触或进行作业。

2）严禁采用预约停送电时间的方式在线路或设备上进行任何作业。

3. 施工用电管理

（1）电气设备不得超铭牌使用，闸刀型电源开关严禁带负荷拉闸。

（2）多路电源开关柜或配电箱应采用密封式的，开关旁应标明负荷名称，单相闸刀开关应标明电压。

（3）不同电压的插座与插头应选用不同的结构，严禁用单相三孔插座代替三相插座。单相插座应标明电压等级。

（4）严禁将电线直接钩挂在闸刀上或直接插入插座内使用。

（5）手动操作开启式空气开关、闸刀开关及管形熔断器时，应戴绝缘手套或使用绝缘工具。

（6）严禁用其他金属丝代替熔丝。熔丝熔断后，必须查明原因，排除故障后方可更换。更换熔丝、装好保护罩后方可送电。

（7）连接电动机械与电动工具的电气回路应设开关或插座，并应有保护装置。移动式电动机械应使用橡胶软电缆。

（8）电源线路不得接近热源或直接绑挂在金属构件上，不得架设在脚手架上。

4. 施工用电设施安全设施配置

（1）35kV 及以下施工用电变压器的户外布置。

1）变压器采用柱上安装时，其底部距地面的高度不得小于2.5m；变压器安装应平稳牢固，腰栏距带电部分的距离不得小于0.2m。

2）变压器在地面安装时，应装设在不低于 0.5m 的高台上，并设置高度不低于 1.7m 的栅栏。带电部分到栅栏的安全净距，10kV 及以下的应不小于 1m，35kV 的应不小于 1.2m。在栅栏的明显部位应悬挂"止步、高压危险！"的警告牌。

3）变压器中性点及外壳接地连接点的导电接触面应接触良好，连接应牢固可靠，接地电阻不得大于 4Ω。

（2）变压器可就近装设防雨型的密闭式配电柜；当馈电回路多或容量大时应设配电室。

（3）钢筋混凝土电杆不得掉灰露筋，不得环裂或弯曲。木杆、木横担不得有腐朽、劈裂。铁横担、铁包箍不得锈蚀或有裂纹。组立后的电杆不得有倾斜、下沉及杆基积水等现象。

（4）用电线路及电气设备的绝缘必须良好，布线应整齐，设备的裸露带电部分应有防护措施。架空线路的路径应合理选择，避开易撞、易碰的场所，避开易腐蚀场所及热力管道。

（5）低压架空线路一般不得采用裸线；采用铝或铜绞线时，导线截面积不得小于 16mm²。

（6）低压架空线路采用绝缘线时，架设高度不得低于 2.5m；交通要道及车辆通行处，架设高度不得低于 5m；其他情况下的架设高度应满足表 3-7~ 表 3-9 的要求。

（7）架空线路的转角杆、分支杆及终端杆的拉线应采取防护措施，并在距地面 1.5m 以下的部分涂红、白色油漆示警。

（8）几种线路同杆架设时，高压线必须位于低压线上方，电力线必须位于弱电线上方。线间距离应满足表 3-10 的要求。

（9）通信、广播等弱电线路与电力线路同杆架设时，弱电线路应悬挂在钢线上，悬挂点的间距不得大于 1m，钢线应接地。

（10）现场直埋电缆的走向应按施工总平面布置图的规定，沿主道路、组合场、固定的构筑物等的边缘直接埋设，埋深不得小于 0.7m；转弯处应在地面上设明显标志；通过道路时应采用保护套管，

表 3-7　线路交叉时的最小垂直距离

线路电压（kV）	< 1	1~10	35
最小垂直距离（m）	1	2	2.5

表 3-8　架空导线与地面的最小距离

线路电压（kV）		< 1	1~10
架空导线与地面的最小距离（m）	人员频繁活动区	6	6.5
	非人员频繁活动区	5	5.5
	极偏僻区	4	4.5
	公路及主要道路	6	7
	铁路轨顶	7.5	7.5
	构筑物顶部	2.5	3

表 3-9　边导线在最大风偏时与构筑物之间的最小水平距离

线路电压（kV）	< 1	1~10	35
最小水平距离（m）	1	1.5	3

表 3-10　同杆线路最小距离（m）

杆型	直线杆	分支（或转角）杆
10kV 与 10kV	0.8	0.45 / 0.6[①]
10kV 与低压	1.2	1.0
低压与低压	0.6	0.3
低压与弱电	1.2	

①距上面的横担取 0.45m，距下面的横担取 0.6m。

管径不得小于电缆外径的 1.5 倍，且不得小于 100mm² 电缆沿构筑物架空敷设时，其高度不得低于 2m。电缆接头处应有防水和防止触电的措施。

（11）现场集中控制的开关柜或配电箱的设置地点应平整，不得被水淹或土埋，并应防止碰撞和物体打击。开关柜或配电箱附近不得堆放杂物。

（12）开关柜或配电箱应坚固，其结构应具备防火、防雨的功能。箱、柜内的配线应绝缘良好，排列整齐，绑扎成束并固定牢固。导线剥头不得过长，压接应牢固。盘面操作部位不得有带电体明露。

（13）导线进出开关柜或配电箱的线段应加强绝缘并采取固定措施。

（14）杆上或杆旁装设的配电箱应安装牢固并便于操作和维修；引下线应穿管敷设并做防水弯。

（15）配电箱必须装设漏电保护器，做到一机一闸一保。

（16）用电设备的电源引线长度不得大于5m。距离大于5m时应设便携式电源箱或卷线轴；便携式电源箱或卷线轴至固定式开关柜或配电箱之间的引线长度不得大于40m，且应用橡胶软电缆。

（17）施工用电的运行及维护班组应配备足够的绝缘工具。绝缘工具应定期进行试验，试验周期及要求见表3-11。

表3-11　常用电气绝缘工具试验要求

序号	名称	电压等级（kV）	试验周期	试验时间（min）	交流耐压（kV）	泄漏电流（mA）	附注
1	绝缘棒	6~10	一年	5	44		
2	绝缘夹钳	≤35	一年	5	三倍线电压		
3	绝缘手套	高压	六个月	1	8	≤9	
4	绝缘手套	低压	六个月	1	2.5	≤2.5	
5	橡胶绝缘鞋	高压	六个月	2	15	≤7.5	
6	验电笔	6~10	六个月	5	40		发光电压不高于额定电压的25%

（18）电气设备附近应配备适用于扑灭电气火灾的消防器材。发生电气火灾时，应首先切断电源。

5. 施工用电防护与隔离安全

（1）对地电压在127V及以上的下列电气设备及设施均应装设接地或接零保护：

1）发电机、电动机、电焊机及变压器的金属外壳。

2）开关及其传动装置的金属底座或外壳。

3）电流互感器的二次绕组。

4）配电盘、控制盘的外壳。

5）配电装置的金属架构、带电设备周围的金属栅栏。

6）高压绝缘子及套管的金属底座。

7）电缆接头盒的外壳及电缆的金属外皮。

8）吊车的轨道及铆工、焊工、铁工等的工作平台。

9）架空线路的金属杆塔。

10）室内外配线的金属管道。

11）铁制的集装箱式办公室、休息室及工具间。

（2）中性点不接地系统中的电气设备应采用接地保护，接地线应接至接地网上；总容量为100kVA及以上的系统，接地网的接地电阻不得大于4Ω；总容量为100kVA以下的系统，接地网的接地电阻不得大于10Ω。

（3）当施工现场采用低压侧为380/220V中性点直接接地的变压器时，应按GB 50194的规定，采用工作零线和保护零线分工的接零保护。

（4）用电设备的保护零线或保护地线应并联接地，严禁串联接地。

（5）接零保护的规定。

1）架空线零线的终端、总配电盘及区域配电箱的零线应重复接地，接地电阻不得大于 10Ω。

2）起重机轨道接零后，应再重复接地。

3）接引至电气设备的工作零线与保护零线必须分开，保护零线严禁接任何开关或熔断器。

4）接引至移动式和手提式电动机具的保护零线必须用软铜绞线，其截面积一般不得小于相线截面积的 1/3，且不得小于 1.5mm^2。

（6）地线及零线的连接应采用焊接、压接或螺栓连接等方法。若采用缠绕法，必须按照电线对接、搭接地的工艺要求进行，严禁简单缠绕或勾挂。

（7）采用接零保护的单相 220V 电气设备，应设单独的保护零线，不得利用设备自身的工作零线兼作保护零线。

（8）同一系统中的电气设备，严禁一部分采用接地保护，另一部分采用接零线保护。

（9）使用外借电源时，电气设备所采用的保护方式应与外借电源系统中的保护方式一致。

（10）起重机械行驶的轨道两端应设接地装置。轨道较长时，每隔 20m 应补设一组接地装置，接地电阻不得大于 4Ω。

（11）严禁利用易燃易爆气体或液体管道作为接地装置的自然接地体。

第四章
防火防爆

一、动火作业安全规定

动火作业：动火作业是指在具有火灾、爆炸危险场所内进行的施工过程中，采用以下直接或间接方式的作业。

（1）气焊、电焊、铅焊、锡焊、塑料焊等各种焊接作业及气割、等离子切割机、砂轮机、磨光机等各种金属切割作业；

（2）使用喷灯、液化气炉、火炉、电炉等明火作业；

（3）烧（烤、煨）管线、熬沥青、炒砂子、铁锤击（产生火花）物件、喷砂和产生火花的其他作业；

（4）生产装置和罐区连接临时电源并使用非防爆电器设备和电动工具；

（5）使用雷管、炸药等进行爆破作业。

一级动火区，是指火灾危险性很大，发生火灾时后果很严重的部位或场所。凡属下列情况之一的属一级动火：禁火区域内；贮存或贮存过可燃气体（液体）、易燃气体（液体）的容器、系统及连接在一起的辅助设备；堆有大量可燃和易燃物质的场所；变压器本体及与本体相连接的设备；危险化学品库、氧气和乙炔站；防腐作业期间的相关设备。

二级动火区，是指一级动火区以外的所有防火重点部位或场所以及禁止明火区。

（1）动火管理的基本要求。

各施工单位必须制定消防管理制度，列出管辖范围内工程各节点的重点防火部位，执行动火审批和许可证制度，并向项目监理单位和公司报备。

重点防火部位施工现场动火必须编制施工方案和作业指导书，办理动火作业许可手续，落实现场监护人；在确认无火灾、爆炸危险后方可动火施工。动火施工人员应当遵守消防安全规定，并落实相应的消防安全措施；项目监理单位负责检查执行情况。

（2）动火审批权限。

1）一级动火由施工单位申请动火部门（工段）负责人或技术负责人提出申请，填写一级动火作业许可证并附上安全技术措施方案，由施工单位负责人或主管消防工作的负责人签发，报监理单位安全监理和公司的安质部负责人、保卫（消防）部门负责人审核，监理单位总监理许可，公司分管基建的副经理（或其授权人）批准后，方可动火，必要时还应报当地公安消防部门备案。一级动火期限为一天，一级动火申请应在三天前提出，批准最长期限为一天，期满应重新办证，否则视作无证动火。

2）二级动火由施工单位现场作业工作负责人提出申请，填写二级动火作业许可证并附上安全技术措施方案，由施工单位部门（工段）负责人签发，报监理单位安全监理、施工单位项目部安监人员、消防保卫人员审核，施工单位负责人或主管消防工作的负责人批准后，方可动火。动火期限为三天，二级动火申请应在一天前提出，批准最长期限为三天，期满应重新办证，否则视作无证动火。

二级动动火许可证一式三份。一份由现场作业工作负责人收执，动火工作终结后应将这动火许可证交还给施工单位留存；另一份交监理单位留存；还有一份交公司安质部留存。

二级动火许可手续的各级人员应经本单位考试合格，经施工单位项目部批准书面公布，并向监理单位和公司报备。

3）动火执行人必须持有效证件上岗。

4）当油、氢、制粉等系统一经使用，可能存在易燃易爆介质时；电气开关室电缆沟（井）开始铺设电缆时，动火作业宜按《动火管理制度》的要求执行。

5）若动火工作与生产区域或试运行的设备、系统有关时，应按《动火管理制度》的要求执行，并履行分级审批手续。

6）除一、二级动火区域外，在现场无明显危险因素的固定场地进行焊割作业的，可以不用办理动火作业许可证，但仍需做好相应的防火措施。

（3）动火的现场监护。

1）二级动火在首次动火时，各级审批人和动火工作许可证的填写人均应到现场检查防火安全措施是否正确完备，测定可燃气体、易燃液体的可燃蒸汽含量或粉尘浓度是否合格，并在监护下作明火试验，

确无问题后方可动火作业。

2）二级动火必须有专人监护，监护人必须持合适、有效的消防器材进行监护，不得兼做其他工作。

3）一级动火时，动火部门（工段）负责人或技术负责人、消防人员及项目监理应始终在现场监护。

4）二级动火时，动火部门（工段）应指定人员，并和指定的义务消防员始终在现场监护。

5）动火工作在间断或终结时应清理现场，认真检查和消除残留火种。

（4）动火工作原则。

1）有条件拆下的构件，如油管、法兰等，应拆下来移至安全场所。

2）可以采用不动火的方法代替而同样能够达到效果时，尽量采用代替的方法处理。

3）尽可能地把动火的时间和范围压缩到最低限度。

4）遇到下列情况之一时，严禁动火：① 油船、油车停靠的区域；② 压力容器或管道未泄压前；③ 存放易燃易爆物品的容器未清理干净前；④ 风力达 5 级以上的露天作业；⑤ 遇有火险异常情况未查明原因和消险前。

（5）确保动火安全的技术措施。

1）油罐区、燃油系统的动火安全措施。① 需动火的设备和管道与运行或备用系统已全部隔绝。② 需动火的燃油设备和管道，特别对低位设备和管道应按规定用蒸汽或其他方法进行有效冲洗。确实做到管道已泄压、无油、无可燃气体。③ 完成冲洗后，各隔绝阀门应挂警告牌，与油罐或回油管相连的阀门应加堵板、上锁。④ 对动火的燃油设备和管道，应拆开通往运行或备用设备相连接的法兰，油罐一侧的管道法兰应拆开通大气，并用绝缘物分隔，在运行和备用设备可靠装上严密的堵板，并将动火管道两端通大气。通气口的总面积不应小于通火的管径。与燃油设备和管道连接的第一只蒸汽阀门及仪表一次阀上也应装设堵板。如特殊部位确有困难时，须经有关人员商定采取其他有效措施，如喷入泡沫灭火液、用蒸汽封住等，但必须有一端通大气。⑤ 对需要动火的燃油设备和管道，还可以采用泥巴（或肥皂）、灌水、打入泡沫液、通入微量蒸汽等特殊安全措施封堵。⑥ 油罐、油管道等动火，应密切注意当时风向、风力、周围环境和设备连接情况，动火地点应处于下风向。若在高处动火，特别是气焊切割，应采取防止火星飞溅的措施。油罐动火，需强制通风 48h，动火期间不得停止强制通风。⑦ 进入油罐、污油池等箱体内部动火工作时，应把所有与其连接的管道全部拆开、隔绝，存油清除干净，用蒸汽反复冲洗干净，并采取强力通风排除油气后，用测燃仪检查内部应无可燃气体。⑧ 电气工具不准放在油罐箱体内部。照明应使用 12V 防爆灯。在油罐箱体内不宜长时间工作。箱外应有专责联络人，并应经常保持联系。检修工具应使用铜或其他有色金属制作的工具，如使用铁制工具应采取防止产生火花的措施，例如涂黄油、加铜垫等。⑨ 电焊、气焊设备应停放在指定地点，应距油库区外 10m。电源应装在油罐围墙外。电源线应完好无损。电源线通过通道时，应采取防止轧坏的措施。禁止使用漏电、漏气的设备。⑩ 在燃油设备上电焊作业，电焊机的接地线应接在须焊接的同一设备上，其接地点应靠近焊接点约 1m 距离内，禁止采用远距离接地回路或借用其他管路代替回路接地的方法，禁止使用铁棒等金属物代替接地线和固定接地点。⑪ 动火现场必须配足灭火器材。动火手续未办理或安全措施不符时，工作人员有权拒绝动火。

2）储煤、输煤系统动火安全措施。① 输煤系统动火必须将设备停止运行，并采取安全措施后才能进行。② 传动机械、支架、罩壳、分离器、碎煤机、电动磅秤、通风设备、各种管道动火前，要将周围积煤和易燃物清理干净，皮带、落煤斗管口等应用防火布（或石棉布）、铁板等可靠隔开。③ 落煤斗、落煤管、吸尘器等动火前，应将内部存煤（粉）放尽，皮带上积煤走空，用防火布或石棉布、铁板等可靠隔绝，并要采取降温措施。④ 堆取料机等设备动火，应在停止使用条件下才可进行，动火前应清理周围杂物、易燃物，皮带上积煤走空，下面的煤堆上应采取降温措施，防止切割物下落引起火警。⑤ 在皮带上方动火前必须用水将皮带冲湿，工作完毕后必须用水冲洗导料槽内部，确保无火种遗留。⑥ 动火工作结束后，工作负责人应会同有关人员共同对动火现场进行检查，确认无遗留火种和其他杂物，方可办理动火安全措施票终结手续。

二、消防器材使用与配置

消防设施的设置与管理如下：

（1）施工现场及生活区宜设独立电源的消防水管网。消防用水若与其他用水合用时，要保证在其他用水量达到最大流量时，仍能通过全部消防用水量。

（2）消防管道的管径及消防水的扬程应满足施工期最高消防点的需要。

（3）室外消防栓应根据建筑物的耐火等级和密集程度布设，一般每隔120m应设置一个。仓库、宿舍、加工场地及重要设备旁应有相应的灭火器材，一般按建筑面积每120m^{2}设置灭火器一个。且不得埋压、圈占、遮挡消火栓等消防设施。

（4）消防设施应有防雨、防冻措施，并定期进行检查、试验，确保消防水畅通、灭火器有效。

（5）不得损坏、挪用或者擅自拆除、停用消防设施、器材。消防水带、灭火器、沙桶（箱、袋）、斧、锹、钩子等消防器材应放置在明显、易取处，不得任意移动或遮盖。

（6）办公室、工具房、休息室、宿舍等房屋内严禁存放易燃易爆物品，冬季防冻采用禁止明火取暖。

（7）在油库、木工间及易燃易爆物品仓库等易燃易爆场所严禁吸烟，设"严禁烟火"的明显标志，并采取相应的防火措施。

（8）在易燃易爆区周围动用明火或进行可能产生火花的作业时，应分阶段办理动火许可手续或动火工作票，经有关部门批准，并采取相应措施方可进行。

（9）存放炸药、雷管，必须得到当地公安部门的许可，并分别存放在专用仓库内，指派专人负责保管，严格领、退料制度。

（10）氧气、乙炔、汽油等危险品仓库应有避雷及防静电接地设施，屋面应采用轻型结构，并设置气窗及底窗保证良好的通风，门、窗应向外开启。

（11）运输易燃易爆等危险物品，应按当地公安部门的有关规定申请，经批准后方可进行。

（12）临时建筑及仓库的设计应符合《建筑设计防火规范》（GBJ 16）的规定。

（13）仓库应根据储存物品的性质采用相应耐火等级的材料建成。

（14）采用易燃材料搭设的临时建筑应有相应的防火措施。

（15）人员密集场所的门窗不得设置影响逃生和灭火救援的障碍物。不得占用、堵塞、封闭疏散通道、安全出口、消防车通道。

（16）挥发性的易燃材料不得装在敞口容器内或存放在普通仓库内。

（17）装过挥发性油剂及其他易燃物质的容器，应及时退库，并保存在距建（构）筑物不小于 25m 的单独隔离场所。

（18）装过挥发性油剂及其他易燃物质的容器未经采取措施，严禁用电焊或火焊进行焊接或切割。

（19）闪点在 45℃以下的桶装易燃液体不得露天存放。必须少量存放时，在炎热季节应严防曝晒并采取降温措施。

三、扑灭初始火灾安全技能

初期火灾的特点：初起火灾阶段是物体起火后的几分钟内称为初期火灾，具有燃烧面积较小，烟气流动速度较慢，火焰辐射热量较少的特点，及周围物体和建筑结构温度上升较慢的特点。

初期火灾阶段内，容易将火势控制或扑灭。一般初期火灾可使用灭火器和室内消火栓进行扑救。

初期火灾扑救的原则是：① 先控制，后灭火；② 先重点，后一般；③ 防中毒，防窒息；④ 听指挥，莫惊慌。

根据物质燃烧的原理，初期火灾的扑救方法有冷却法、窒息法、隔离法和抑制法四种。

（1）冷却法：根据可燃物体发生燃烧的时候，必须达到一定的温度条件，使用灭火器直接喷洒在燃烧物体上，使燃烧物质的温度降低到燃点以下，当物体停止燃烧；可用水进行冷却灭火，是扑灭火灾常用的方法。一般物质起火，都可以用水来冷却灭火。还可用水冷却建筑构件、生产装置或容器等，以防止其受热变形或爆炸。

（2）窒息法：根据可燃物体发生燃烧的时间，需要充足的空气（氧气）条件，可采用防止空气流入燃烧区域内，或使用不燃物质冲淡空气中氧的含量，使燃烧物质由于断绝氧气的助燃而熄灭。所谓窒息法就是隔断燃烧物的空气供给。适用于扑救封闭式的空间、生产设备装置及容器内的火灾。

（3）隔离法：根据燃烧必须具备可燃物体的条件，将燃烧物体与附近的可燃物质隔离或散开，使燃烧物体停止燃烧，是常用的灭火方法。用灭火器把可燃物同空气和热隔离，用泡沫灭火器灭火产生的泡沫覆盖于燃烧液体或固体的表面，在冷却作用的同时，把可燃物与火焰和空气隔开等，都属于隔离灭火法。如果把可燃物与引火源或空气隔离开来，那么燃烧反应就会自动中止。

（4）抑制法：使用灭火器干扰和抑制燃烧的链式反应，使燃烧过程中产生的游离基消失，形成稳定分子或低活性的游离基，从而到达灭火的作用。

四、易燃易爆物质管理

（1）易燃易爆物品应放置在专门场所，设置"严禁烟火"标志，并有专人负责管理。管理人员应熟知易燃易爆物品火灾危险性和管理贮存方法，以及发生事故处理方法。

（2）易燃易爆物品不应设在建筑物的地下室、半地下室内。

（3）易燃易爆库房应有隔热降温及通风措施，并设置防爆型通风排气装置。

（4）危险品仓库内若要动火检修，必须执行动火工作票制度。

（5）不得在易燃易爆的仓库内进行明火及能产生火花的作业。

（6）易燃易爆物品进库，必须加强入库检验，若发现品名不符，包装不合格，容器渗漏时，必须立即转移到安全地点或专门的房间内处理。

（7）易燃易爆危险品仓库的一切电气设施应符合安全规程防爆要求，每天下班前应切断电源，方可离开。

（8）对雷管、炸药等易燃易爆物品必须按其特性严格分库保管，严禁项目部下属部门内或私人存放，对用剩余量应立即退库保存。

（9）对雷管、炸药等易燃易爆和危险品必须执行"五双"制度（即双人保管、双锁、双人领、双人用、双账）。在领用时需经有关部门领导批准。

（10）易燃易爆化学物品种类繁多，发生火灾、爆炸的原因也各不相同，扑救方法各异。各单位应根据仓库内贮存的易燃易爆化学物品的种类、性质、制定现场灭火规则。化学化验室易燃易爆物品应根据各单位储存、使用规定制定防火灭火规则。

第五章
现场事故应急处置
CHAPTER 5

一、高处坠落的现场应急处置

凡在坠落高度基准面 1.5m 及 1.5m 以上有可能坠落的高处进行的作业称为高空作业。作业人员高空作业时，从高处坠落至地面、高处平台或悬挂空中，造成人身伤亡。

1. 现场应急处置程序

（1）立即将伤员解救至地面，对伤员采取紧急救护措施。

（2）立即向事发部门负责人、值长汇报高空坠落伤亡事故，值长立即向应急救援指挥部汇报。

（3）该方案由厂长宣布启动。

（4）应急救援指挥部成员接到通知后，立即赶赴现场进行应急处理。

（5）高空坠落伤亡事件进一步扩大时，启动《人身事故应急预案》。

2. 现场应急处置措施

（1）作业人员坠落在高处或悬挂在高空时，尽快使用绳索或其他工具将坠落者安全解救至地面，然后根据伤情进行现场抢救。

（2）认真观察伤员全身情况，防止伤情恶化。对伤员进行止血、包扎、转移搬运伤员、处理急救外伤等。有外伤、内伤、骨折、颅脑外伤等情况执行以下措施：

1）外伤急救措施：包扎止血。

2）内伤急救措施：平躺，抬高下肢，保持温暖，速送医院救治。

3）骨折急救措施：肢体骨折采取夹板固定。颈椎、腰椎损伤采取平卧、固定措施。搬动时应数人合作，保持平稳，不能扭曲。

4）颅脑外伤急救措施：平卧，保持气道畅通，防止呕吐物造成窒息。

（3）发现受伤人员有呼吸、心跳停止时，立即按心肺复苏法支持生命的三项基本措施，进行就地抢救。

（4）通畅气道。

（5）口对口（鼻）人工呼吸。

（6）胸外接压（人工循环）。

（7）抢救过程中的再判断：

1）按压吹气 1min 后（相当于单人抢救时做了 4 个 15 ∶ 2 压吹循环），应用看、听、试方法在 5~7s 时间内完成对伤员呼吸和心跳是否恢复的再判断。

2）若判定颈动脉已有搏动但无呼吸，则暂停胸外按压，而再进行 2 次口对口人工呼吸，接着每 5s 吹气一次（即每分钟 12 次）。如脉搏和呼吸均未恢复，则继续坚持心肺复苏法抢救。

3）抢救过程中，每隔数分钟再判定一次，每次判定时间均不得超过 5~7s。在医务人员未接替抢救前，现场抢救人员不得放弃现场抢救。

（8）联系职工医院并向事发部门负责人、值长汇报人员受伤抢救情况。

（9）事发部门负责人、值长接到报告后，立即到达现场了解情况，并用快速方法报告给应急救援指挥部。

（10）医护人员到达现场，及时与医护人员交代现场有关情况，协助医护人员进行抢救。

3. 事件报告

（1）事发部门负责人、值长向厂负责人汇报人员伤亡情况以及现场采取的急救措施情况。

（2）高处坠落伤亡事件扩大时，启动《人身事故应急预案》。

（3）事件报告要求：事件信息准确完整、事件内容描述清晰；事件报告内容主要包括：事件发生时间、事件发生地点、事故性质、先期处理情况等。

4. 注意事项

（1）对坠落在高处或悬挂在高空的人员，施救过程中要防止被救和施救人员出现高坠。

（2）在伤员救治和转移过程中，防止加重伤情。

（3）在医务人员未接替救治前，不放弃现场抢救。

二、触电事故的现场应急处置

电厂内有大量的电力机械和各种高低压装置及高低压电气设备，在运行、检修过程中，均有可能造成触电。触电事故类型可分为电击事故和电伤事故。

1. 现场应急处置程序

（1）立即切断设备电源，对伤员采取紧急救护措施。

（2）向事发部门负责人、值长汇报触电人身伤亡事故，值长立即向应急救援指挥部汇报。

（3）该方案由厂长宣布启动。

（4）应急救援指挥部成员接到通知后，立即赶赴现场进行应急处理。

（5）触电人身伤亡事故进一步扩大时，启动《人身事故应急预案》。

2. 场应急措施

（1）首先要是触电者迅速脱离电源，越快越好。

（2）把触电者接触的那一部分带电设备的开关、刀闸或其他断路设备断开；或设法将触电者与带电设备脱离。

（3）触电者未脱离电源前，救护者手不能直接触及伤员。

（4）如触电者处于高位处，脱电源后会发生高处坠落，要采取防坠落措施。

（5）触电者触及低压带电设备，救护人员应设法迅速切断电源，如拉开电源开关或刀闸，拔除电源插头等；或使用绝缘工具、干燥的木棒、木板、绳索等不导电的东西解脱触电者；也可抓住触电者干燥而不贴身的衣服，也可戴绝缘手套或将手用干燥衣物等包起绝缘后解脱触电者；救护人员也可站在绝缘垫上或干木板上，绝缘自己进行救护。

（6）触电者触及高压带电设备，救护人员应迅速切断电源，或用适合该电源等级的绝缘工具解脱触电者。救护人员在抢救过程中应注意保持自身与周围带电部分的安全距离。

（7）如果出点发生在架线杆塔上，如系低压带电线路，若可能立即切断线路电源，或者由救护人员迅速蹬杆，束好自己的安全带后，用带绝缘胶柄的钢丝钳、干燥的不导电物体或绝缘物体将触电者脱离电源；如系高压带电线路，又不可能迅速切断电源开关的，可采用抛挂足够截面的适当长度的金属短路线方法，使电源开关跳闸。

（8）如果触电者触及断落在地上的带电的高压导线，且三维确证线路无电，救护人员在未做好安全防护措施（如穿绝缘靴或临时双脚并紧跳跃地接近触电者）前，不能接近断线点至 8~10m 范围内，防止跨步电压伤人。只有在确认线路已经无电，才可以在触电者离开触电导线后，立即就地进行急救。

（9）救护触电伤员却断电源时，有时会是照明失电，因此应考虑事故照明、应急灯等临时照明。新的照明要符合使用场所防火、防爆的要求，但不能因此延误切除电源和进行急救。

（10）伤员脱离电源后的处理：

1）触电伤员如神志清醒者，应使其就地平躺，严密观察，暂时不要站立或走动。

2）触电伤员如神志不清者，应就地仰面躺平，且确保气道畅通，并用 5s 时间，呼叫伤员或轻拍其肩部，以判定伤员是否意识丧失，禁止摇动伤员头部呼叫伤员。

3）需要抢救的伤员应立即就地坚持抢救，直至医疗人员接替救治。

（11）呼吸、心跳情况的判定：

1）受害人员如意识丧失，应在 10s 内，用听、看、试的方法判定伤员呼吸心跳情况。

2）看——看伤员的胸部、腹部有无起伏状动作。

3）听——用耳贴近伤员的口鼻处，听有无呼气声音。

4）试——试测口鼻有无气流，再用两手指轻试一侧（左或右）喉结凹陷处的颈动脉有无搏动。

5）若看、听、试结果，既无呼吸有无颈动脉搏动，可判定呼吸停止。

（12）机械伤害伤员呼吸和心跳均停止时，应立即按照心肺复苏支持生命的三项基本措施，进行就地抢救。

1）通畅气道。

2）口对口（鼻）人工呼吸。

3）胸外按压（人工循环）。

（13）抢救过程中的再判定：

1）按压吹气 1min 后（相当于单人抢救时做了 4 个 15 ∶ 2 压吹循环），应用看、听、试方法在 5~7s 时间内完成对伤员呼吸和心跳是否恢复的再判定。

2）若判定颈动脉已有搏动但无呼吸，则暂停胸外按压，而在进行 2 次口对口人工呼吸，接着每 5s 吹气 1 次（即 12 次 /min）。如脉搏和呼吸均未恢复，则继续坚持心肺复苏抢救。

3）在抢救过程中，要每隔数分钟再判定一次，每判定时间均不得超过 5~7s。在医护人员未接替抢救之前，现场抢救人员不得放弃现场抢救。

（14）触电者衣服被电弧光引燃时，迅速扑灭其身上火源，着火者切忌跑动，可利用衣服、被子、湿毛巾等扑火，必要时可就地躺下翻滚，使火扑灭。

3. 事件报告

（1）事发部门负责人、值长立即向厂负责人汇报人员触电伤亡情况以及现场采取的急救措施情况。

（2）事件报告要求：时间信息完整准确、时间内容描述清晰；时间内容主要包括：事件发生时间、事件发生地点、事故性质、先期处理情况等。

（3）触电人身伤亡事件,进一步扩大时启动《人身事故应急预案》。

4. 注意事项

（1）救护人不可直接用手、其他金属及潮湿的物体作为救护工具,以防自己触电。

（2）防止触电者脱离电源后可能的摔伤，当触电者在高处的情况下，应考虑防止高空坠落的措施。救护人员登高时携带必要的绝缘工具和牢固的绳索等，做好自身的防坠落、摔伤措施。

（3）救护者在救护的过程中特别是在栏杆上或高处抢救伤者时，要注意自身和被救者与附近带电体之间的安全距离。

（4）触电者触及断落在地上的带电的高压导线，未确认线路无电、救护人员未做好安全防护措施前，不能接近断线点至 8~10m 范围内，防止跨步电压伤人。

三、火灾事故的现场应急处理

1. 火灾事故类型

（1）电缆火灾：危险点有电缆沟、电缆夹层的动力电缆、控制电缆；通信楼的通信电缆及计算机中心的信息传输电缆等。

（2）汽轮机油系统火灾：危险点主要是汽轮机的润滑油和液压调

节的高低压油管道大部分布置在高温管道、热体附近，一旦油管道发生泄漏，压力油喷到高温管道、热体上即会引起着火。

（3）燃油罐区及锅炉油系统火灾：危险点主要是运行部管辖的燃油库；燃料管理部管辖的透平油库；锅炉点火系统的油枪、油管等部位。

（4）制粉系统火灾：危险点主要是各炉的煤粉仓在制粉时磨煤机出口温度和煤粉仓温度没有严格控制在规定范围内；在运行中的制粉系统管道上动火时易发生火灾。

（5）输煤皮带火灾：主要危险源是挥发份较高的原煤积存一段时间后会产生自燃。

（6）各配电室、主变压器、高厂变及升压站等电气设备火灾：主要危险源是上述设备由于电气性能突变造成短路、接地等故障时引起的火灾。

（7）网控室、单控室、生产办公楼、档案室、仓库、通信楼机房及计算机中心机房由于存有采暖和办公设备，在管理不善时发生的火灾。

（8）液氨储罐区及设备管道火灾：氨与空气混合能形成爆炸性混合物，遇明火、高热能引起燃烧爆炸，与氟、氯等接触会发生剧烈的化学反应，若遇高热，容器内压增大，有开裂和爆炸的危险。氨在空气中的自燃温度是630℃，爆炸极限为15.5%~27%。

（9）人员集中场所火灾：主要包括生产区、商场、职工俱乐部、文化活动中心、幼儿园、学校和医院火灾等。

（10）其他火灾：主要包括交通工具、机组检修时使用易燃易爆气体等其他原因引起的火灾，危险化学品仓库火灾、发电机火灾等。

2. 响应分级

按照火灾事故的严重程度和影响范围，将应急响应级别分为Ⅰ级（特别重大）、Ⅱ级（重大）、Ⅲ级（较大）、Ⅳ级（一般）四级：

（1）Ⅳ级响应：应对蓝色预警。

（2）Ⅲ级响应：应对黄色预警。

（3）Ⅱ级响应：应对橙色预警。

（4）Ⅰ级响应：应对红色预警。

3. 响应程序

应急响应启动条件：发生焦煳味、冒烟或明火，当值值长应立即启动应急预案。

应急响应启动：

（1）当公司应急办公室接收到相关信息时，应根据可能影响范围、严重程度、可能后果和应处理的需要等，判断是否进入应急状态的级别，并将有关情况报告公司应急救援领导小组。

（2）应急救援领导小组接到报告后，应立即决定进入应急状态以及相应的级别，立即启动相应专项应急预案，落实各项应急准备和预警控制措施，同时就有关重大应急问题做出决策和部署。

（3）迅速组织召集各应急处置组负责人，部署应急处置工作。派出前线指挥人员，由前线指挥人员负责协调各项应急处置工作的开展，合理调配应急资源。

（4）各应急处置组负责人在接到应急预案启动命令后，立即召集全部应急处置组成员进入生产现场进行应急处理或待命，严格按照职责分工进行应急处理。

（5）达到Ⅰ级、Ⅱ级预警标准并发生焦煳味、冒烟或明火的，由值长汇报主管生产领导批准后启动。

（6）应急响应。

（7）达到Ⅲ级、Ⅳ级预警标准并发生焦煳味、冒烟或明火的，由值长启动应急响应。

（8）达到Ⅰ级、Ⅱ级预警标准并发生明火的，由领导小组组长指定前线指挥人员负责现场处置，并组织有关人员召开应急会议，部署警戒、疏散、信息发布、现场处置及善后等相关工作，各专业抢险队按照职责进行处置。其他情况由值长负责上述工作。

（9）应急响应程序启动后，由总经理向集团公司、和林格尔县安全监督管理局、国家能源局华北监管局汇报应急工作信息。

（10）Ⅳ级响应：生产主管领导宣布启动应急预案。

（11）Ⅲ级响应：生产主管领导宣布启动应急预案。

（12）Ⅱ级响应：总经理宣布启动应急预案。

（13）Ⅰ级响应：总经理宣布启动应急预案。

4. 响应行动

当确认灾害灾情发生时，立即启动相应级别应急预案，成立现场指挥部，召开应急会议，调动参与应急处置的各相关部门有关人员和处置队伍赶赴现场，按照"统一指挥、分工负责、专业处置"的要求和预案分工，相互配合、密切协作，有效地开展各项应急处置和救援工作。

发生公司人员独自完成灭火任务有困难的火险时，指挥部成员根据指挥长的要求，启动外部应急通讯网，请求市消防支队和上级单位的支援。如不能有效控制火情，火势蔓延，可能造成建筑物坍塌或有爆炸危险时，应紧急疏散人员，并联系公安分局紧急疏散周围居民。

5. 应急结束

（1）一经启动，除非得到应急救援领导小组的正式解除警报通知，各部门不得擅自终止应急行动。

（2）当伤亡人员已送至医院得到救治和处理，事故现场已得到恢复，设备故障排除后，根据本公司应急处置工作的实际控制结果，评估应急处置工作基本完成、次生衍生危害基本消除，才能下达结束应急行动命令。

（3）公司终止应急行动的命令，具体由应急办公室在公司网上正式通知下达，生产运行系统的终止应急行动命令由当值值长电话下达给各机组、输灰、输煤、化学运行岗位。各运行岗位应在运行日志中记录本终止命令。

（4）Ⅳ—Ⅲ级应急响应终止：根据现场生产恢复情况，由生产主管领导发布命令结束应急响应。

（5）Ⅱ—Ⅰ级应急响应终止：根据现场生产恢复情况，由总经理发布命令结束应急响应。

（6）事件现场得到控制，事件条件已经消除。

（7）环境符合有关标准。

（8）事件所造成的危害已经彻底消除，无继发可能。

（9）事件现场的各种专业应急处置行动已无继续的必要。

（10）采取了必要的防护措施以保护公众免受再次危害。

（11）当满足以上五个条件后，由指挥部总指挥宣布应急行动正式结束，各项生产管理工作进入正常运作，现场应急指挥机构予以撤销。